0~2岁

轻松育儿经

——卓莹祥医生安心育儿30讲

卓莹祥◎著

U0214694

海峡出版发行集团 THE STRAITS PUBLISHING & DISTRIBUTING GROUP ｜ 福建科学技术出版社 FUJIAN SCIENCE & TECHNOLOGY PUBLISHING HOUSE

著作权合同登记号：13-2016-018 号

原书名：新手爸妈真轻松——卓莹祥医师的 30 讲堂，让你安心照顾 0~2 岁宝宝

原著者：卓莹祥

本书通过四川一览文化传播广告有限公司代理，经开始出版有限公司授权福建科学技术出版社在中国大陆地区出版、发行中文简体字版，未经许可不得以任何形式复制或转载。

图书在版编目（CIP）数据

0~2 岁轻松育儿经：卓莹祥医生安心育儿 30 讲 / 卓莹祥著 . —福州：福建科学技术出版社，2018.7

ISBN 978-7-5335-5452-1

Ⅰ.① 0… Ⅱ.①卓… Ⅲ.①婴幼儿—哺育—基本知识 Ⅳ.① TS976.31

中国版本图书馆 CIP 数据核字（2017）第 255816 号

书　　名	0~2 岁轻松育儿经——卓莹祥医生安心育儿 30 讲
著　　者	卓莹祥
出版发行	福建科学技术出版社
社　　址	福州市东水路76号（邮编350001）
网　　址	www.fjstp.com
经　　销	福建新华发行（集团）有限责任公司
印　　刷	福建彩色印刷有限公司
开　　本	700 毫米 ×1000 毫米　1 / 16
印　　张	10.5
图　　文	168 码
版　　次	2018 年 7 月第 1 版
印　　次	2018 年 7 月第 1 次印刷
书　　号	ISBN 978-7-5335-5452-1
定　　价	39.80 元

书中如有印装质量问题，可直接向本社调换

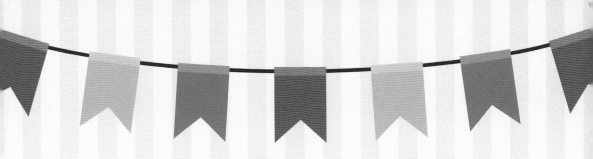

自序

让每个爸妈都能安心照顾新生儿，是我的写书初衷。

当了将近 30 年的小儿科医师，虽然最近几年转做行政业务，但是并没有完全停止临床工作，还是时常需要诊治小病人，回答许多家长的疑惑，偶尔还要接受媒体的采访、发表文章，提供社会大众小儿健康护理的知识与经验。

大约半年前，院内的客服主任彩玉建议我将这些资料搜集整理出书，以嘉惠更多的社会大众，我们便从拟定大纲开始，经过多次的讨论、整理、修改，并补充最新资讯，终于完成全书。

我的职业生涯，算是经历了台湾医疗界的巨大变化。全民健保与医患关系的恶化，吓走了很多医学系的毕业生，使得台湾的儿科医师后继无人。目前台湾走入严重少子化的时代，新生人口逐年下降。另外，随着医疗科技的进步，以往常见的儿科重症，例如先天性疾病及一些传染性疾病，都因为筛查工具的增加和疫苗的广泛接种而大量减少，使得儿科医疗工作的性质逐渐有了变动。

现在儿科医师的工作，有相当大的比例，是在处理儿科一般疾病，甚至只是在为儿童照顾者提供一些指导。还好儿科一般疾病有一个有趣的特性，就是多半没有快速有效的治疗方法，但是却又都可以自然痊愈。于是儿科医师的角色就着重在提早发现并发症与重症，以及缓解家长面对孩子一般疾病时不必要的焦虑。所以读者们或许会发现，本书中有很多"没关系""不必担心""正常现象"等字眼。

如果因此可以解除为人父母的忧虑，让父母照顾出健康宝宝，也算是达到我的初衷吧！

推荐序（一）

　　卓莹祥医师是与我共事多年的工作伙伴，长期以来我们为了打造让病患安心的医疗环境而不遗余力。尤其卓医师所负责的领域较为特殊，儿科需要面对的不仅是小病患的健康问题，还有家长的忧虑与疑惑。好在卓医师丰富的经验使他一直都能把医疗工作做得游刃有余。

　　研读卓医师的这本著作，我能深刻体会其用心良苦。近年来，在医疗技术的进步下，儿科医师的工作性质已逐渐转型，为家长医治"心病"的成分恐怕占据了相当大的成分。然而在诊间医患对话的短暂时间，往往有难以为家长完全解惑的遗憾。卓医师秉持着一腔热诚，将其诊间接触到的常见问题，用心集结成书，此书几乎囊括了所有家长心中的基本疑惑，其苦心孤诣尤为可嘉。

　　如此珍贵的著作，实属难得。诚挚推荐家有婴幼儿的家长拥有本书，作为居家常备宝典，相信对孩子的照料问题便可一扫而空。

台安医院院长　黄晖庭

推荐序（二）

把这本书从头读到尾，自己忍不住想抱怨，这是一本让儿科医师"没饭吃"的书。

行医数十年，也看过不少以医学为题材的书，但不是过度偏向专业，就是内容沿袭教科书的教条，艰涩难懂，很少有像卓医师一样，用数十年亲身的临床经验，加上和家长沟通的实际心得，亲力亲为，写成一本适合所有家长阅读的好书；甚至像我这种和卓医师一样，都是30年的儿科医生，又是新生儿专科医师，看完后也感到受用无穷。

在中国，医生的门诊负荷过重，看诊时往往等候时间长，看诊时间短。医生在极有限的时间内，用三两句话打发病人，往往难以解除家长心中的焦虑与疑惑。家长为此带着孩子碾转多家医院，自己花钱、花时间不要紧，也造成幼儿跟着舟车劳顿，接受到太多不必要的检查，不仅压缩幼儿休息时间，更间接导致疾病康复速度变慢。幼儿生病，很多都可不药而愈，像这本书提到的，病好了，往往不是医生的功劳，只是时间到了，症状就消失了……

这本书不是鼓励家长，小儿生病不用看医生，而是建议家长多学习一些基本的育儿知识和初级护理技巧，能让家长在最短的时间内和医生完成最有效的沟通，减少就医次数。

幼儿是国家未来的主人翁，大小症状都不能轻忽。但身为儿科医师，在此还是呼吁家长，多看育儿书，多学一些生病的护理技巧，大家一起来减少就诊次数。

卓医师是我台湾大学医学系的同班同学，我们的学号仅相隔4号，大一、大二的基础课及大三的基础医学都在一起上课。我们曾一起学习人体解剖，一起做化学实验，他的笔记往往是我们复印来应付考试的好材料。毕业后我们一起走入儿科领域。以前跟他一起念书时和在医界工作的经验告诉我，他是一个一丝不苟、对工作充满热忱的人。他送给我的稿子竟然一个错字都找不到，在其中，读到他对自己看诊态度的描述，更让我佩服！

卓医师提到他看诊时，坚持不为了迎合家长的需求，而去做一些防御性的检查与治疗。他说我们医生是医治病人，而不是医治机器上的数字，他坚持检查应视实际需要而决定，绝不能为了家长的担心而进行不必要的检查！是的，这就是我认识的卓莹祥，现在的他，仍是那个 30 多年前，和我一起上课、一起做实验，始终如一的卓莹祥！

台北联合医院妇幼院区小儿科主治医师　　陈佩琪

Contents

目录

第三章　宝宝的饮食

第四章　宝宝的日常照顾

一、新生儿宝宝，"拉、撒、睡"搞定，一切正常

第五章　保健与疾病

第六章 常见不适症状的应对之道

第一章

给新手爸妈的心理建设

问题 1 孩子生病时，别人总认为我大惊小怪，我该怎么办？

我要在这里开宗明义地告诉各位："大多数小儿科疾病吃药不会好，但还好这些疾病都会自行痊愈。"这里所指的"小儿科疾病"是排除了重大伤病或先天缺陷，所指的是一般常见内科疾病。事实上，对大部分的疾病来说，药物都是不必要的。就算是没有服用药物，依靠身体的免疫功能对抗，一段时日后，疾病还是会痊愈，差别只在于症状的轻重——没有服用药物者可能必须忍受疾病本身引起的症状，服药者则要承受药物的副作用。

由于"疾病会自然痊愈"，父母在孩子生病时，不应慌张，只要妥善细心地照料，让孩子的身体能充分发挥抵抗力，身体便能愈来愈强壮，应对一次又一次病毒和细菌的挑战。

现在市面上儿科书籍繁多，用功的家长也很多。很多家长是做了功课以后，一本正经地带着孩子来到儿科门诊询问医师问题。

对于家长们的认真，我抱以认可的态度。但是有个观念必须在这里告诉家长，那就是照顾孩子，千万不要寻求标准化的数据。因为过多的信息，只会让人迷失。

我曾遇到一位妈妈，很认真地比对市面上的信息，忧心地问我："怎么办？这本书上说，宝宝在这个月龄，每天应该喝5次奶，但是我的宝宝只喝4次奶，而且分量也不一样多。"我便立即与她计算了宝宝每日的奶量，并分析孩子的体重和需求。结果证明宝宝的饮食状况是令人满意的。

我要在这里呼吁家长们，照顾孩子时，必须衡量孩子的个别需求，宝宝虽然小，但已是具体的独立个体，不是机械，也不是流水线生产的商品。养孩子不能完全照书养，也没有放诸四海皆准的硬性规则，绝对是一件最人性化的任务。

在照料孩子时，有些问题可以换个心态思考，避免让自己陷入死胡同。例如当你看到孩子一顿饭吃得少，不妨回头想想，身为大人的你，也会有胃口不佳的时候，等到胃口来了，下一餐时间到了，你是不是就会好好吃上一顿饭？少了一餐饭，对你来说影响很大吗？如果对你自己来说不会，宝宝自然也是如此。

儿科医师的工作，其中相当重要的一环，就是在对孩子的父母亲进行宣教，并沟通及传授照料宝宝的方式，让父母亲能掌握孩子的身体状况，了解照顾法则，进而充满信心且安心地让宝宝能够稳定地从疾病中痊愈。

　　大部分儿科的疾病都会自动康复。一般来说，大部分幼年时期的疾病都是小病，孩子的免疫功能大部分会自然克服，适当的照料与调养才是让疾病尽快康复的重点。因此，孩子生病时，应尽量控制药物的分量，设法提升孩子的免疫力，但又要让父母能清楚了解这一点，愿意尽量让孩子在最接近自然的状态下，身体康复起来。能够让父母对这一点怀有足够的信心，并贯彻到底，是儿科医师的重要职责。

　　当然，在尽量少服药的准则下，又能做好疾病把关的工作，不漏掉重大疾病发生的线索，事先发现潜藏的重大疾患，必要时及早为孩子做转诊，防患于未然，则是儿科医师的本分。

　　例如：能够在处理宝宝发热的症状之余，适时地为宝宝留意是否有并发肺炎或脑膜脑炎的可能，及早给予适当的治疗或提出转诊建议，避免造成难以收拾的局面。

家长对孩子生病有个常见的误区,那就是往往因担心过度,而容易把孩子状况看得太严重。当疾病症状还不明朗,尚未确诊时,会期待医师能够非常正视父母所忧虑的环节,而期望医师给孩子大量的检查。其实对医师来说,开身体检查的单据仅区区数秒钟,对医师来说并没有增加工作负担,重点在于事情的正当性。如果说孩子的情况尚不及如此,何须把事件看得太严重。家长应反思,自己所寻求的究竟是自己的安心,还是实际的病情需求?多余的检查,只会徒增家长的操劳和孩子的折磨,甚至让孩子对"看医生"蒙上阴影,何苦呢?

问题4 儿科医师扮演什么角色?

儿科医师对于家长和病童而言,扮演的是专业人士的角色,因此必须秉持严谨的态度。即使处理的是看似轻微的小病,也必须滴水不漏地把关好每一个细节,不忽略小病痛背后潜藏的危机,且不会为了减少误判的机会,而刻意使用过多非必要的检查。

现在由于生育率降低,每个孩子皆是宝。父母的过度关心,让"怪兽家长"的现象愈来愈兴盛。部分医师为了应对门诊大量的病患,也为了明哲保身,于是开始有了"防御性医疗"措施,对于生病的症状、可能引发的疾患,施行过多的处置。他们会事先开一些不需要的处方或是不必要的检查,只是因为担心在极少数的突发案例中,病情有了变化,家长会将矛头指向医师,因而蒙受无妄之灾。

这番举动,当下安抚了家长们不安的心,事实上,劳民伤财,浪费了自己、家长和孩子的时间,也浪费了医疗资源,还使孩子对"看医生"蒙上一层阴影。

我在看诊时，会偏向安抚家长，尽量鼓励家长正面看待小孩的病况。但是这可能让我自己处于医疗纠纷的威胁中，必须自行担负风险。现在信息传播速度非常快，在大量媒体同时争相报道同一事件的情况下，很多信息可能在无形中被放大。在这样的社会效应下，医疗信息有时也被过度扭曲报道，造成家长的恐慌。一些传染性疾病的新闻，就是实例。

　　以肠病毒为例，就让忧心的家长极度恐慌，我曾当场见到一位家长在得知孩子感染肠病毒，当场崩溃，失声痛哭，大家傻眼在那里。肠病毒当然不是完全没有死亡的疑虑，不过分析其死亡率数据，每2000~3000人中，才有1例重症，其实发生率并不高，只要照料得宜，随时留心宝宝是否出现重症症状，不要太过焦虑，通常是可以安全过关的。

数年前，美国食品药品管理局的研究发现，有数起宝宝因服用含抗组胺成分的感冒药，而导致心律不齐甚至死亡的案例，因此有部分人士建议禁止6岁以下孩童服用感冒药。

大部分感冒是病毒感染，使用的药物多为针对身体不适所开的对症治疗用药，即使没有服用这些药物，感冒也会在一定时间内逐渐康复。所以说，感冒真的没有必要服药吗?

我认为，月龄愈小的宝宝，药物副作用所造成的影响愈大，风险也较大，确实应尽量避免使用感冒药。至于稍大的幼儿，因为已具备表达能力和想法，而且可能会因为身体不适而哭闹烦躁，不愿进食，体力恢复得也较慢，所以可以视情况给予缓解症状的药物，让孩子好好休息。

对于月龄较小的宝宝而言，抗组胺药物的副作用确实比较大，必须非常小心。仔细研究婴儿猝死症的案例，会发现多半是与呼吸道的问题有关。因此6个月以内的宝宝确实尽量不要服药。基本上，6个月以内宝宝因为还有母体抗体的保护，几乎不太生病。但必须特别注意3个月以内的宝宝有高热症状时，应送往医院进行住院检查，不应自行在家中服药。所以服不服药这个问题，基本上不太需要父母亲伤神。

当然，如果比较大的孩子的忍耐度够，可以承受不舒服感受的话，不吃感冒药确实可以锻炼孩子的抵抗力，这时只要父母能够在照顾孩子时，同时留意是否有除了感冒以外的伴随症状，让孩子慢慢自然痊愈，对孩子、父母而言，长远来看都是一件好事。

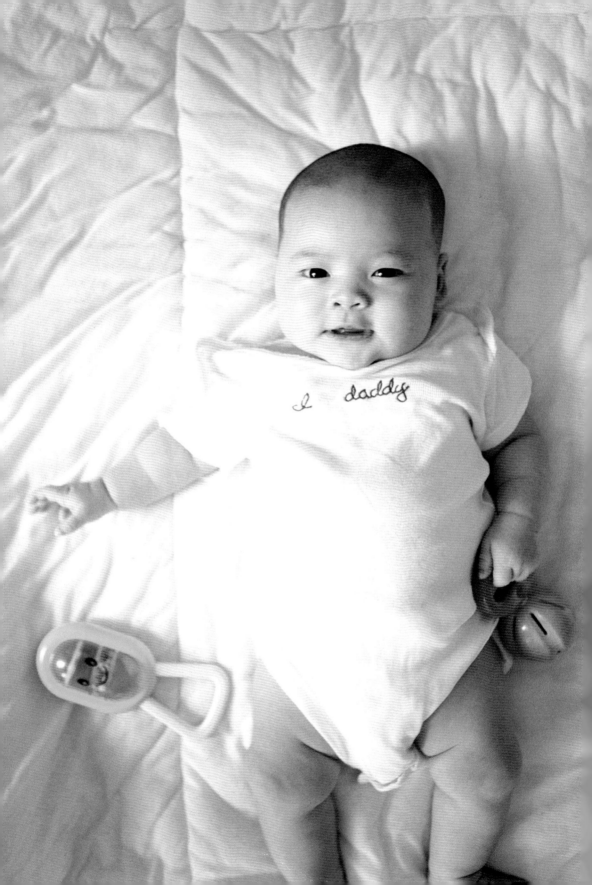

第二章

宝宝的发育

· 照料新生儿宝宝，应格外细心

· 2~3 个月的宝宝，生长速度突飞猛进

· 4 个月以后的宝宝，开始意识到周遭事物

一、照料新生儿宝宝，应格外细心

问题 1 宝宝的肚子大大的，就是胀气吗？

答　我常会遇到父母忧心询问："宝宝的肚子看起来鼓鼓的，很担心宝宝有没有问题。"其实宝宝肚子大大的，是普遍的现象，大部分是没有问题的。

　　婴儿的肚子之所以凸凸的，是因为腹部肌肉比较松软，要撑起腹部之内相对尺寸较大的内脏时，肚子自然而然就鼓了出来。一般来说，宝宝的肚子如果摸起来是软软的，且喝奶量、活动力、体重增加都正常时，代表宝宝的腹胀没有病理性的问题。但如果以上几个要点有疑虑时，应就医诊察治疗。

医师讲堂 新生儿基本资料

身高	身长为 45~55 厘米，平均约为 50 厘米。
体重	95% 的足月儿体重为 2.5~4.0 千克。当足月儿体重低于 2.5 千克则为低体重儿；若高于 4.2 千克则为巨大儿。
头围	新生儿头部所占的比例约为身体的 1/4，头围平均约 35 厘米，胸围比头围约少 1 厘米。

　　从出生到 4 周以内的宝宝，称为新生儿。刚出生的宝宝，由于颈椎和脊椎尚未发育成熟，全身软绵绵的，家人在照顾的时候，必须格外留意颈部等部位的稳定度。

大部分的初生婴儿，身形都算是纤细，以笔者所处中国台湾来讲，约有95％的新生儿平均体重在2.5~4.0千克，身高大致为45~55厘米，平均约为50厘米。

- -

问题2 **体重低于2.5千克的低体重儿，要如何照顾？**

出生体重低于2.5千克的新生儿通常被称为低体重儿。

低体重儿的发生有两种情形，一为胎儿生长迟缓，另一为怀孕未满37周生下的早产儿。生长迟缓的因素包括胎儿本身体质上的异常，或是产妇妊娠期间营养不良、慢性高血压、抽烟、慢性中毒、营养不良等因素。

低体重儿在出院返家后，仍需要细心照顾，并应持续留意体重及各方面发育。由于抵抗力较差，在满3个月之前，请不要带到人潮拥挤的地方。

刚出生的宝宝，对于声音和气味就已经具备了感知能力。1周左右的宝宝便能对熟悉的气味产生反应，例如妈妈乳汁的气味，就能够被宝宝辨认出来。

视觉的发育则较缓慢，1个月内的新生儿，虽然眼球的发育完好，但是视觉系统其实尚未成熟，必须借由来自环境的刺激而逐渐发育，1~2个月才会逐渐成熟。此时期宝宝只能看到光线，有时感觉宝宝像是在看着某个东西，眼珠似乎在转动，但其实宝宝根本还无法专注在特定目标上，只能进行没有聚焦的扫视。

医师讲堂
新生儿的视力其实比想象中良好

许多妈妈觉得："大家都说新生儿还是'近视眼'，看不清楚东西，但我心里总觉得宝宝好像看得到我，是我的想象力太丰富了吗？"

对于这类提问，我会回答："你的感觉有可能是对的。"依据我个人观察，新生儿的视力有可能比我们想象中好。

一般理论认为，刚出生的宝宝视力尚未发展完成，是在出生后1~2个月才渐趋完备。但以我的观察，其实不然。我认为宝宝出生时即有正常的视力，只是大脑视觉中心的解读功能需要在出生后1~2个月的时间内发展完成。

家长们听到我这样说，可能会发问："但是感觉上宝宝的视线总是飘来飘去，没有办法专注于某一点？"

其实只要仔细观察，就会发现宝宝也有视线专注于固定物体的时候，只是时间比成人短暂许多。

我在诊间常常会示范一个动作给家长们看，看到的妈妈就会大呼惊奇，不禁认同，同时会感到很开心。因为她们发现眼前小小的宝贝，其实有看到爸爸妈妈，亲子之间的联系感因而更加亲密，从而会想和宝宝有更多视线上的交流。

这个动作很简单。只要用手指头轻敲宝宝的脸颊，宝宝就会把视线转过来看你。当然，时间可能只有2~3秒，但这已经足够证明宝宝有正常的视觉了。

不过，在此我还要强调一点。虽然我认为新生儿已具备视物能力，但是这时视力却是"有看没有到"。也就是说，宝宝看得到物体，但是脑部掌管视觉、分析影像的部位仍在发育中，也就是说，宝宝脑袋中，解读所看到的影像的能力尚未发育。等到这部分的发育完备后，他便能专注于事物，也会渐渐留下对事物的印象，至于解读影像的能力，就必须等待到更久之后了。

问题 4　宝宝的呼吸声，感觉好像鼻塞？

答　许多新生儿妈妈会感觉疑惑，为什么宝宝呼吸时会发出奇怪的声音，尤其是喝奶时更明显，因而担心宝宝是不是感冒鼻塞造成呼吸不顺畅。

其实这是正常的现象，未满3个月的宝宝，因为上呼吸道发育尚未完全，呼吸道较窄，所以呼吸时会比较大声。再加上新生儿的鼻黏膜比较容易受到刺激，稍微有一点温差或是空气流通不畅时，就会有打喷嚏的症状，此外，在哭泣时也会流出鼻涕，因而有类似感冒鼻塞的症状发生。

这样的"类似鼻塞"现象，可能要等到3~4个月、上呼吸道发育完全时，才会渐渐减少。

新生儿的呼吸声确实比较特殊，有点类似成人鼻塞时。虽说应无大碍，但家长们在辨别宝宝呼吸声时，可以稍微留意是否有以下特殊状况：

（1）觉得宝宝的呼吸声听起来感觉总是有痰，但事实上没有痰。

（2）类似哮喘症发作的"咻咻"哮喘声。

（3）有呼吸困难、呼吸时胸部塌陷的现象。

如有以上症状，可能有喉软骨软化病的疑虑，请尽快送医检查，进行区别诊断。

喉软骨软化病（Laryngomalacia）是一种先天性喉部异常疾病。这种疾病的患者因为喉部上方会厌的支持性软骨比较软，因此在呼吸时，喉部软骨会塌陷，遮盖在气管上，因而引发出喘鸣的声响。

喉软骨软化症较严重的宝宝，症状出现的时间很早，多半在出生1周左右就会有严重的症状；较晚则于4~6周发作。此种疾病应尽早发现，以免因呼吸困难造成脑部缺氧，而对发育造成不可抹灭的伤害。

所幸，这是一种良性的疾病，大部分宝宝的呼吸声会在6个月左右改善，1岁左右逐渐痊愈。

父母亲在照顾喉软骨软化症的宝宝，必须特别留意摄食和发育的问题。此外，当宝宝有呼吸中止、嘴唇发黑、四肢发紫、脸色暗蓝（医学名词为"发绀"）时，请立即就医。

答

新生儿体内还带有母亲的抗体，其实生病的概率并不高。如果说，宝宝从出生以来的呼吸声都是同样类似鼻塞的声音，没有什么特别变化，而且活动力正常、喝奶正常的话，请不用担心，宝宝没有感冒的问题。

宝宝的呼吸声本来就比较大，可能会让父母亲担心，怕因此不小心忽略了宝宝的感冒。其实宝宝感冒前兆就和成人一样。感冒常常会伴随发热、咳嗽、食欲不振等问题。没有伴随这些症状，应该就没有感冒。

答

健康的宝宝肌肉会有一定的张力，和成人的身体不太一样。成人的睡姿千奇百怪，会因个人喜好而有侧卧、仰卧、俯卧等等姿势。有些人睡姿不良，可能习惯全身蜷缩，抱着喜欢的毯子睡觉；也有人则是全身完全放松，"大"字形呼呼大睡，均依各人习惯而定。

新生儿宝宝的睡姿类型也有多种变化，但是有些基本原则是不变的，父母亲可以私下观察这些特殊的特征。

新生儿宝宝在仰卧时，四肢会稍微屈曲，膝盖部位会外张，双脚脚掌朝内，且两手与两脚屈曲的角度皆互相对应。俯卧时，宝宝的头部会自然而然地偏向一边，四肢亦成屈曲角度，且手部会呈现类似攀爬姿态，臀部朝上方翘起。从上方看起来，还真像是一只小青蛙。

肌肉有一定的收缩程度，是健康宝宝的特征，以上都是正常的状态。反之如果宝宝的睡姿过于端正，身体直挺挺的，或有肌肉收缩太紧的屈曲动作时，都是必须格外留意的状况。

"新生儿反射"这个名词，相信为人父母者多少有听闻，最熟悉的就是"吸吮反射"，也就是新生儿本能的吸吮行为。简而言之，新生儿反射是婴儿自出生即具备的神经生理反射动作，其种类相当多。其中有一部分是一般人无从观察的，有一部分则具有绝对的重要性，代表着宝宝来到世上的基本求生能力。

父母亲或照顾者，可能会在发现宝宝做出反射动作时而感到惊奇或是惊喜。这些基本反射行为的出现频率相当高，照顾者会很容易在与宝宝相处的过程中，清楚地发现到这些举动。父母在了解这些举动背后的意义后，照顾宝宝会更加得心应手。

1. 吸吮反射

柔弱又纤细的宝宝，看似什么都不会，不过如果将奶嘴或妈妈的乳头放入宝宝口中时，宝宝就会自动自发地吸吮起来，其实这就是宝宝的反射动作。"吸奶是宝宝天生的本能"，人类基本求生意志力的见证即在此。宝宝的吸吮反射约在满3个月时渐渐转为自主的吸吮动作。可说是婴儿最重要的一个神经反射。吸吮反射是从28周胎儿时就开始出现的反射动作，大约于出生满4个月后消失。

2. 觅食反射

当我们轻抚初生宝宝脸颊或嘴唇时，宝宝会自动将嘴唇凑过来，准备张嘴吸吮。这也是新生儿的特有反射动作，是稍微有别于吸吮反射，更进阶的动作，属于主动觅食的一种生存本能。觅乳反射是从32~36周胎儿时就开始出现的反射动作，大约于出生1个月后消失。

3. 惊跳反射

惊跳反射，又称莫罗反射（Moro reflex），是在宝宝突然听到比较大的声响时发生的。这时宝宝的两只上臂会伸直张开，手掌五指也会伸张开来，接着手臂会弯曲成拥抱状，并握起拳头。在成人眼中，看起来像是受到了惊吓。此种反射是从 28~37 周胎儿时就开始出现的反射动作，在刚出生的前几周反应最明显，之后反射强度减弱，到 2~3 个月之后逐渐消失。

医师讲堂
你一定要知道的
新生儿生理特征

在观察新生儿生理特征时，有 3 大重点：惊跳反射、吸吮反射、肌肉张力。

我们脑部控制神经反射的功能大致有两种，一种是发射端，一种是抑制端。当发射端过度发展，没有办法适当抑制时，就会引发过度的惊跳反射。这时宝宝会很容易有惊跳反射的动作，即使是细微的声响，也会引发惊跳反射。

吸吮反射是新生儿的基本能力，当一个新生儿有气无力，连吸奶都没有办法进行时，这表示了他连基本的觅食能力都欠缺，务必进行检查，找出原因。

健康新生儿的卧姿如同青蛙，手臂和腿都是呈现自然屈曲状态，且屈曲的程度不会太紧也不会太松。肌肉张力过度或缺乏都不是好事。当张力过度，太过紧绷屈曲的肌肉会呈现僵硬状态；张力不足时，宝宝手臂和腿部肌肉屈曲程度会明显低落，抱起来会感觉特别沉重，颈部支撑力不足，这时也应尽快就医检查，以便确认是否有中枢神经问题或是罹患任何疾病。

答　新生儿的反射动作，其实不止上述 3 项。以上新生儿反射行为，是较容易被察觉的新生儿反射。

新生儿的生理反射动作种类繁多且细微，以医师专业来看，还有许多反射动作，是一般人比较不容易察觉的，这部分可以交由受过专业神经学训练的专业儿科医师进行检测。

如果反射动作超过特定的阶段后仍未消失，建议前往就医，尽早进行神经学检查，以免错失提早发现问题的良机。

新生儿常在生后1~2天，颜面、头部、躯干及四肢皮肤出现散在、大小不等、边缘不清的多形红斑，但婴儿无不适感，这种红斑多在1~2天内迅速消退，其原因是宝宝皮肤柔嫩，皮肤表面角质层发育不良，出生后与外界环境接触，皮肤受阳光、空气的刺激，发生充血，手脚可微带青色，这种现象叫新生儿红斑，无须处理。但如果有红斑出现感染化脓，周围出现水肿，则需去医院治疗。

在新生儿的胸背部、骶部、臀部、脚部内侧皮肤上，往往可以看到暗蓝色、形状大小各异的色素斑，多为圆形或不规则形，边缘清晰，用手按压时不褪色，俗称胎记（青记）。此为皮肤深层色素细胞沉着所致，随着年龄增长，多于5~6岁时会自行消退，不需治疗。

答　打嗝是婴儿一种极为常见的现象,新生儿尤其多见,许多家长常因不知道这是怎么回事而感到不安。其实,打嗝不算病,是由于宝宝神经系统发育不完善所致。

在人体胸腔与腹部之间,有一层分离胸、腹腔的很薄的肌肉,叫做膈肌。它是人体重要的呼吸肌,当膈肌收缩时,胸腔扩大,引起吸气,膈肌松弛时胸腔缩小,产生呼气。新生儿由于神经系统发育不完善,使控制膈肌运动的自主神经活动容易受到外因影响。如遇到冷空气吸入、进食太快等,就会引起膈肌突然收缩,迅速吸气,声带收紧,声门突然关闭,从而发出"嗝"声。

随着宝宝的长大,神经系统发育逐渐完善,打嗝现象自然会减少。若新生儿打嗝时,可喂些温开水或奶,或者将宝宝抱起轻拍其背部,一般可使打嗝停止。

新生儿出生后 1 周内往往出现暂时性的体重减轻现象，这称为生理性体重减轻。这种现象一般在出生后 3~5 天降至最低点，其体重下降的幅度不超过出生体重的 3%~9%，最多不超过10%。大多在生后第 7~10 天内即可恢复到出生时的体重，以后体重不断增加。

新生儿体重下降的原因是由于胎儿在母体内所有的营养物质及水分等均由母体供给，出生后则需自食其力，吐出一些出生过程中吸入的羊水，经肺呼吸、皮肤蒸发和出汗又丢失一部分水分；而且刚出生的宝宝进食量较少，摄入不足，室内温度过高或过低，这些综合因素的作用可最终导致初生宝宝体重的下降。这种生理性体重减轻一般不需要特殊处理。但是如果体重减轻过多或恢复过慢，或者同时伴随其他异常表现，如吐奶、母乳不足、拉稀便，或其他新生儿疾病，则应找医生诊治。

目前认为，生后早开奶，按需喂奶，合理喂养，加强对宝宝的护理，可以减轻或避免其体重下降。

细心的家长会发现，刚出生或出生不久的新生儿的牙龈上有白色或略显黄色米粒大小的颗粒和斑块，数目不一，这不是真正的牙齿，但看起来很像乳牙，俗称马牙。有的在口腔上腭中央可见散在乳白色米粒大小的颗粒隆起，它是上皮细胞堆集而成的，称为上皮珠。它是胚胎发育过程中一种上皮细胞堆集和黏液腺分泌物积留所致。"马牙"和"上皮珠"是新生儿期的一种正常表现，对新生儿吸奶及以后的牙齿发育等均无任何影响，故不需要进行任何处理，它往往随着进食、吸吮的摩擦在数周后自行脱落。

千万不能用布去擦或用针去挑新生儿的"马牙"和"上皮珠"，以免引起感染或导致败血症，危及宝宝生命。

二、2～3个月的宝宝，生长速度突飞猛进

问题1 2-3个月的宝宝有何特征?

答

此阶段宝宝的手脚愈来愈灵活，颈部也变得比较有力气。

此时期的宝宝能够灵活地运动手脚，原本新生儿阶段像青蛙般屈曲的手脚，已经能够灵活地伸直、弯曲、挥动，也有些宝宝开始把手放入口中吸吮。

从第2个月开始，宝宝的颈部开始健壮起来，在躺卧的状态下，能够稍微左右转动颈部。有些宝宝大约在3个月时，已能够撑起颈部，在照顾者直立拥抱时，头部不会倾斜和晃动。不过即使乍看之下感觉宝宝颈部已经变硬了，但实际上身体组织和肌肉仍然很柔弱，还没有完全长硬，因此仍应谨慎维护颈部，以免受伤。

医师讲堂
2～3个月的宝宝，和刚出生时差异好大!

迈入人生第2个月的宝宝，身材渐渐地圆润了起来，全身肌肉也逐渐茁壮，一部分新生儿反射会从此时开始渐渐消退，转而做出具有自我意识的举动。

1~2个月的宝宝，大致上每个月以增加1千克的速度快速地成长着。这种神速的成长是一生之中非常珍贵的阶段，以一个出生体重3千克的新生儿来讲，等于是每个月增加全身体重的30%，不过这样的惊人成长，到了6个月之后，会越来越缓慢。

答

此时期宝宝的视觉逐渐发展,可以看得到距离20~30厘米的物体,视线范围也会逐渐扩大,目光会追踪移动的物体。当我们把颜色鲜明的物体放在宝宝眼前,宝宝的目光会随之移动。

3个月的宝宝,会渐渐地发出一些"咿咿呀呀"的声音,这时照顾者不妨靠近宝宝,和宝宝说些话,给他一些回应。

医师讲堂
留意常见的婴儿摇晃症

宝宝有时哭得比较凶,让父母亲感觉情况很难控制,这时请不要慌张,不要让心情因此受到波动,要镇定地找出宝宝哭泣的原因。千万不要把宝宝抱起来摇晃,以免引发婴儿摇晃症,造成不可弥补的伤害。面对宝宝哭泣时,感到束手无策的父母,其实只要把宝宝抱起来,大部分的宝宝都会因为改善情绪不再哭泣,如果还没有办法舒缓情绪,父母可以再找出问题点解决。

婴儿摇晃症候群指的是婴儿在短时间内受到多次剧烈摇晃,导致脑部受到创伤。症状大致为:急躁不安、抽筋、嗜睡、意识不清、食欲不振、呕吐等,一旦发现,应尽快送医。小婴儿的大脑整体结构并不扎实,如果因剧烈摇晃,血管破裂导致出血,严重时会昏迷,甚至有致死的可能。

数年前报纸曾揭露几起婴儿猝死症的事件,都是因为宝宝哭泣不休,于是父母把宝宝抱起来摇摇晃晃,结果造成了婴儿猝死。此外,有时我们会看到大人会跟比较大的幼儿玩抛接游戏,孩子开心得咯咯笑,大家都很兴奋,其实这么大幅的动作,也不是很适合幼儿,应该稍微留意一下宝宝的年纪。

基本上6个月内的婴儿禁止摇晃,3岁以内的幼儿不适合大力的抛接,即使是脖子长硬了,还是要留意。

答　许多妈妈以为尚未满月的宝宝会微笑，其实此时期宝宝嘴角肌肉的牵动，只能算是无意识、类似微笑的一种表情。不过2周大的宝宝已经能从气味、声音，以及模糊的影像中，渐渐意识到母亲的存在，并能与其他陌生人有所区隔。

到了2~3个月时，宝宝渐渐能够控制脸部的肌肉，开始有了各种表情。当你看到满2个月的宝宝对着你咿咿呀呀、露出微笑时，请不要怀疑，他已经在对你展露出所谓的社交性微笑（Social smile）。所谓的社交性微笑，意指"有意义的微笑"，也就是宝宝是发自内心，带有情绪的微笑。除此之外，宝宝的表情也愈来愈丰富，与家人的互动也愈来愈多，爸爸妈妈可以在宝宝微笑的时候，和他做一些愉快的互动，这对宝宝的情绪发展有正面的效果。

好的习惯要从小养成，培养婴儿良好的排便习惯，可以使孩子从小就接受有规律的生活方式，同时也是一个学习生活、培养宝宝与大人沟通方式的过程，促进婴儿对更多的要求都能作出不同的表示，有利于婴儿智力发育和心理发育。尽快让孩子学会控制大小便，可减少尿布疹、预防便秘的发生。

　　一般婴儿在 3 个月以后，排便次数减少，大便时间也趋于固定，从这时起，便可以开始培养和训练婴儿排便的习惯了。训练小儿排便要掌握以下要点：

　　婴儿不懂自行控制排便，但可以通过成人用"嗯嗯"建立声音、姿势和排便的条件反射。一般 3 个月的婴儿就能听懂成人的"嗯嗯"声。家长要先摸清孩子大便的规律，仔细观察抓准婴儿排便的时间。多数宝宝在吃奶后排便，如果说前一天晚上已经大便，次日清晨就不会再排便了。宝宝在 3 个月后，从其面部表情及动作就可以看出其排便的要求。宝宝要排便时，他的肛门括约肌会张开，排便的刺激会使他小脸憋得通红，并出现瞪眼、凝神等使劲的表情，此外还可听到声音。大多数宝宝早日脱掉开裆裤，可减少蛲虫病和尿路感染的发生。宝宝由于肠道容易充气，所以排便前会先放屁、排尿，有时还会有使劲的声音，这些都可作为排便的信号，此时父母应立即解开宝宝的尿布，抱起宝宝，使他双脚分开，同时嘴里发出"嗯……嗯……"表示使劲、用力的声音，并叫着宝宝的名字说"某某使劲，某某使劲"。经过多次训练，让婴儿把排便与声音、姿势联系起来，逐渐可成为婴儿排便的信号。每天在一定的时间、一定的场所进行训练，逐渐形成时间的条件反射，使孩子养成按时排便的好习惯，排便时间最好在早晚喂好奶后。掌握了以上这些方法，大便正常的宝宝训练排便是容易成功的，这样定时排便不仅每次排得干净，而且可以减少排便的次数。宝宝8个月大时，可以在成人的看护下开始训练坐痰盂大便，但每次训练时间不宜超过5分钟，便盆不能太凉，否则会刺激抑制宝宝的大小便，使其产生对痰盂的恐惧心理。不要养成坐痰盂吃东西，边吃边拉的坏习惯，良好的排便习惯有利于养成孩子讲卫生、爱清洁的习惯，并能使消化系统的活动规律化，有利于孩子的健康成长。

答

　　测量宝宝身高,不同年龄段有不同的测量方法。0~3个月小儿应量仰卧位的身高,最好使用标准的量床测量。在家中测量时,可采用如下简易方法(用普通软尺)测量:将一张桌子靠墙,让宝宝脱掉帽子,解(厚)衣,解(厚)裤和鞋袜,仰卧在桌子上,头顶墙壁,成人用一手按住宝宝的膝关节,使其全身保持伸直,不扭曲,脚趾向上,用一本书或硬纸板靠在宝宝脚掌上,使脚腕与书成直角,然后测出书或硬纸板与墙壁之间的距离即为宝宝的身高。

　　能独自站立的宝宝,可用刻有厘米的皮尺钉在墙上或门框边上进行测量其身高。让小儿脱去鞋帽,靠墙或门板站直,双足跟并拢,足尖分开,两眼平视,枕部、足跟接触在量尺上,家长用硬纸板或书本接触小儿头顶使之与皮尺垂直,量尺上的读数即为小儿的身高。

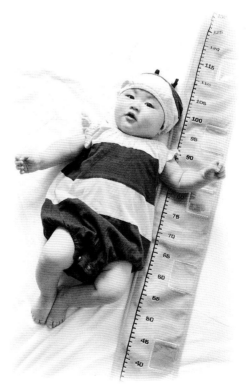

几乎所有的婴儿都有日夜不分、昼夜颠倒的情形，白天睡得很好，时间很长，家长很轻松，但到了晚上宝宝就来精神不肯睡觉，一会儿玩耍一会儿哭闹，一直到凌晨 2～3 点钟才开始入睡。带这种宝宝的母亲非常辛苦，疲惫不堪，常抱怨宝宝不乖。其实这主要原因是一开始家长没有给宝宝养成良好的睡眠习惯，时间长了，就形成了条件反射。不过这种情况是可以纠正的。

（1）适当控制宝宝白天睡觉的时间。早晨或下午应尽量让宝宝醒着，特别是到了下午 5 点钟以后，尽量不要让宝宝睡觉，要多跟他玩，或抱他到外面走走。

（2）帮助宝宝调整生物钟。父母可通过昼夜光线、声响的不同，如白天室内光线不能太黑，晚上则需要较暗的光线并保持安静。或减少夜间喂奶，避免夜间接触灯光，以帮助宝宝调整生物钟，让宝宝形成正常的睡眠习惯。

（3）晚上睡觉前给宝宝洗个澡，喂一次奶，使宝宝适当疲劳，便于入睡。慢慢就能把睡眠时间调整过来。

以下是一位妈妈的提问："宝宝老是把手放入口中吸吮，总担心不够卫生，也有朋友建议给宝宝安抚奶嘴，会比较干净，但又担心吸奶嘴会让嘴唇变得翘翘的，到底怎么做比较好？"

吸吮的动作能够让宝宝有安全感，不要太严格地禁止较小的宝宝的吸吮动作。另外，吸吮手指会有卫生问题，手指吸吮久了，也会有皮肤湿疹的症状，因此较建议吸吮奶嘴。

6个月~2岁的宝宝正处于口腔期，会以口腔来满足好奇心。所以宝宝会什么东西都往嘴里放，以获得满足感。此时期如果未能获得充分的满足，可能会影响到未来的性格，变得容易焦躁、耐性不足。如果是比较大、超过1岁的宝宝还沉迷于吸吮动作的话，建议父母亲要多多陪伴小孩，和他说说话、玩玩具，宝宝被有趣的事物吸引的话，自然而然就不会想要再吸吮奶嘴。

奶嘴会让嘴型改变的问题，不是绝对的。有的人从小吸到幼儿园，牙齿还是漂漂亮亮；有的人就觉得从嘴唇到牙床都有点歪歪的，这完全是看家长如何处理宝宝吸奶嘴这件事。如果你让宝宝整天吸奶嘴，完全没有拿下来，他的嘴型和牙齿自然会变形，如果你让宝宝把奶嘴当

作调剂品，仅在睡前需要时，偶尔吸吸，宝宝的嘴型是不太可能变形的。

其实宝宝在对周围事物的感受度较高，好奇心扩大延伸时，如果家人能够多多陪伴玩耍，宝宝自然而然便会减少吸奶嘴的时间，也会渐渐地不再依赖奶嘴。

宝宝吸吮奶嘴时会安静下来，有些照顾者会因此太过依赖奶嘴的功效，这时宝宝吸吮奶嘴的阶段就会变得遥遥无期，且会影响到宝宝对奶嘴的依赖程度。请务必避免这样的情况发生。

三、4 个月以后的宝宝，开始意识到 周围事物

问题1 宝宝生长发育的简单标准?

答

根据儿童体格发育调查结果，国家卫生部组织相关专家，研究制订了《中国 7 岁以下儿童生长发育参照标准》，该标准已于 2009 年 6 月 2 日由卫生部正式公布。男孩和女孩的发育情况不同，家长可参考以下表格数据，看看孩子的身高体重是否正常。

表格里的"中位数"，表示处于人群的平均水平。如果在中位数上下一个标准差范围之内，属于"正常范围"，代表了 68% 的儿童。如果在中位数上下两个标准差范围之内，则定义为"偏矮（高）"，代表了 27.4% 的儿童。如果在中位数上下 3 个标准差之内，则定义为"矮（高）"，代表了 4.6% 的儿童。

需要注意的是，以下数据并非绝对标准，只要孩子的身高体重值在正常范围内，身体无异常病症，家长不必过分担心。

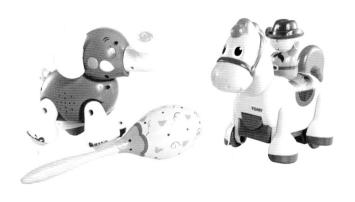

表1 7岁以下男童身高（长）标准值（以厘米为单位）

年龄	月龄	-3SD	-2SD	-1SD	中位数	+1SD	+2SD	+3SD
出生	0	45.2	46.9	48.6	50.4	52.2	54	55.8
	1	48.7	50.7	52.7	54.8	56.9	59	61.2
	2	52.2	54.3	56.5	58.7	61	63.3	65.7
	3	55.3	57.5	59.7	62	64.3	66.6	69
	4	57.9	60.1	62.3	64.6	66.9	69.3	71.7
	5	59.9	62.1	64.4	66.7	69.1	71.5	73.9
	6	61.4	63.7	66	68.4	70.8	73.3	75.8
	7	62.7	65	67.4	69.8	72.3	74.8	77.4
	8	63.9	66.3	68.7	71.2	73.7	76.3	78.9
	9	65.2	67.6	70.1	72.6	75.2	77.8	80.5
	10	66.4	68.9	71.4	74	76.6	79.3	82.1
	11	67.5	70.1	72.7	75.3	78	80.8	83.6
1岁	12	68.6	71.2	73.8	76.5	79.3	82.1	85
	15	71.2	74	76.9	79.8	82.8	85.8	88.9
	18	73.6	76.6	79.6	82.7	85.8	89.1	92.4
	21	76	79.1	82.3	85.6	89	92.4	95.9
2岁	24	78.3	81.6	85.1	88.5	92.1	95.8	99.5
	27	80.5	83.9	87.5	91.1	94.8	98.6	102.5
	30	82.4	85.9	89.6	93.3	97.1	101	105
	33	84.4	88	91.6	95.4	99.3	103.2	107.2
3岁	36	86.3	90	93.7	97.5	101.4	105.3	109.4
	39	87.5	91.2	94.9	98.8	102.7	106.7	110.7
	42	89.3	93	96.7	100.6	104.5	108.6	112.7
	45	90.9	94.6	98.5	102.4	106.4	110.4	114.6
4岁	48	92.5	96.3	100.2	104.1	108.2	112.3	116.5
	51	94	97.9	101.9	105.9	110	114.2	118.5
	54	95.6	99.5	103.6	107.7	111.9	116.2	120.6
	57	97.1	101.1	105.3	109.5	113.8	118.2	122.6
5岁	60	98.7	102.8	107	111.3	115.7	120.1	124.7
	63	100.2	104.4	108.7	113	117.5	122	126.7
	66	101.6	105.9	110.2	114.7	119.2	123.8	128.6
	69	103	107.3	111.7	116.3	120.9	125.6	130.4
6岁	72	104.1	108.6	113.1	117.7	122.4	127.2	132.1
	75	105.3	109.8	114.4	119.2	124	128.8	133.8
	78	106.5	111.1	115.8	120.7	125.6	130.5	135.6
	81	107.9	112.6	117.4	122.3	127.3	132.4	137.6

注：表中3岁前为身长，3岁及3岁后为身高

表 2　7 岁以下女童身高（长）标准值（以厘米为单位）

年龄	月龄	−3SD	−2SD	−1SD	中位数	+1SD	+2SD	+3SD
出生	0	44.7	46.4	48	49.7	51.4	53.2	55
	1	47.9	49.8	51.7	53.7	55.7	57.8	59.9
	2	51.1	53.2	55.3	57.4	59.6	61.8	64.1
	3	54.2	56.3	58.4	60.6	62.8	65.1	67.5
	4	56.7	58.8	61	63.1	65.4	67.7	70
	5	58.6	60.8	62.9	65.2	67.4	69.8	72.1
	6	60.1	62.3	64.5	66.8	69.1	71.5	74
	7	61.3	63.6	65.9	68.2	70.6	73.1	75.6
	8	62.5	64.8	67.2	69.6	72.1	74.7	77.3
	9	63.7	66.1	68.5	71	73.6	76.2	78.9
	10	64.9	67.3	69.8	72.4	75	77.7	80.5
	11	66.1	68.6	71.1	73.7	76.4	79.2	82
1 岁	12	67.2	69.7	72.3	75	77.7	80.5	83.4
	15	70.2	72.9	75.6	78.5	81.4	84.3	87.4
	18	72.8	75.6	78.5	81.5	84.6	87.7	91
	21	75.1	78.1	81.2	84.4	87.7	91.1	94.5
2 岁	24	77.3	80.5	83.8	87.2	90.7	94.3	98
	27	79.3	82.7	86.2	89.8	93.5	97.3	101.2
	30	81.4	84.8	88.4	92.1	95.9	99.8	103.8
	33	83.4	86.9	90.5	94.3	98.1	102	106.1
3 岁	36	85.4	88.9	92.5	96.3	100.1	104.1	108.1
	39	86.6	90.1	93.8	97.5	101.4	105.4	109.4
	42	88.4	91.9	95.6	99.4	103.3	107.2	111.3
	45	90.1	93.7	97.4	101.2	105.1	109.2	113.3
4 岁	48	91.7	95.4	99.2	103.1	107	111.1	115.3
	51	93.2	97	100.9	104.9	109	113.1	117.4
	54	94.8	98.7	102.7	106.7	110.9	115.2	119.5
	57	96.4	100.3	104.4	108.5	112.8	117.1	121.6
5 岁	60	97.8	101.8	106	110.2	114.5	118.9	123.4
	63	99.3	103.4	107.6	111.9	116.2	120.7	125.3
	66	100.7	104.9	109.2	113.5	118	122.6	127.2
	69	102	106.3	110.7	115.2	119.7	124.4	129.1
6 岁	72	103.2	107.6	112	116.6	121.2	126	130.8
	75	104.4	108.8	113.4	118	122.7	127.6	132.5
	78	105.5	110.1	114.7	119.4	124.3	129.2	134.2
	81	106.7	111.4	116.1	121	125.9	130.9	136.1

注：表中 3 岁前为身长，3 岁及 3 岁后为身高

表3 7岁以下男童体重标准值（以千克为单位）

年龄	月龄	-3SD	-2SD	-1SD	中位数	+1SD	+2SD	+3SD
出生	0	2.26	2.58	2.93	3.32	3.73	4.18	4.66
	1	3.09	3.52	3.99	4.51	5.07	5.67	6.33
	2	3.94	4.47	5.05	5.68	6.38	7.14	7.97
	3	4.69	5.29	5.97	6.7	7.51	8.4	9.37
	4	5.25	5.91	6.64	7.45	8.34	9.32	10.39
	5	5.66	6.36	7.14	8	8.95	9.99	11.15
	6	5.97	6.7	7.51	8.41	9.41	10.5	11.72
	7	6.24	6.99	7.83	8.76	9.79	10.93	12.2
	8	6.46	7.23	8.09	9.05	10.11	11.29	12.6
	9	6.67	7.46	8.35	9.33	10.42	11.64	12.99
	10	6.86	7.67	8.58	9.58	10.71	11.95	13.34
	11	7.04	7.87	8.8	9.83	10.98	12.26	13.68
1 岁	12	7.21	8.06	9	10.05	11.23	12.54	14
	15	7.68	8.57	9.57	10.68	11.93	13.32	14.88
	18	8.13	9.07	10.12	11.29	12.61	14.09	15.75
	21	8.61	9.59	10.69	11.93	13.33	14.9	16.66
2 岁	24	9.06	10.09	11.24	12.54	14.01	15.67	17.54
	27	9.47	10.54	11.75	13.11	14.64	16.38	18.36
	30	9.86	10.97	12.22	13.64	15.24	17.06	19.13
	33	10.24	11.39	12.68	14.15	15.82	17.72	19.89
3 岁	36	10.61	11.79	13.13	14.65	16.39	18.37	20.64
	39	10.97	12.19	13.57	15.15	16.95	19.02	21.39
	42	11.31	12.57	14	15.63	17.5	19.65	22.13
	45	11.66	12.96	14.44	16.13	18.07	20.32	22.91
4 岁	48	12.01	13.35	14.88	16.64	18.67	21.01	23.73
	51	12.37	13.76	15.35	17.18	19.3	21.76	24.63
	54	12.74	14.18	15.84	17.75	19.98	22.57	25.61
	57	13.12	14.61	16.34	18.35	20.69	23.43	26.68
5 岁	60	13.5	15.06	16.87	18.98	21.46	24.38	27.85
	63	13.86	15.48	17.38	19.6	22.21	25.32	29.04
	66	14.18	15.87	17.85	20.18	22.94	26.24	30.22
	69	14.48	16.24	18.31	20.75	23.66	27.17	31.43
6 岁	72	14.74	16.56	18.71	21.26	24.32	28.03	32.57
	75	15.01	16.9	19.14	21.82	25.06	29.01	33.89
	78	15.3	17.27	19.62	22.45	25.89	30.13	35.41
	81	15.66	17.73	20.22	23.24	26.95	31.56	37.39

表4　7岁以下女童体重标准值（以千克为单位）

年龄	月龄	-3SD	-2SD	-1SD	中位数	+1SD	+2SD	+3SD
出生	0	2.26	2.54	2.85	3.21	3.63	4.1	4.65
	1	2.98	3.33	3.74	4.2	4.74	5.35	6.05
	2	3.72	4.15	4.65	5.21	5.86	6.6	7.46
	3	4.4	4.9	5.47	6.13	6.87	7.73	8.71
	4	4.93	5.48	6.11	6.83	7.65	8.59	9.66
	5	5.33	5.92	6.59	7.36	8.23	9.23	10.38
	6	5.64	6.26	6.96	7.77	8.68	9.73	10.93
	7	5.9	6.55	7.28	8.11	9.06	10.15	11.4
	8	6.13	6.79	7.55	8.41	9.39	10.51	11.8
	9	6.34	7.03	7.81	8.69	9.7	10.86	12.18
	10	6.53	7.23	8.03	8.94	9.98	11.16	12.52
	11	6.71	7.43	8.25	9.18	10.24	11.46	12.85
1 岁	12	6.87	7.61	8.45	9.4	10.48	11.73	13.15
	15	7.34	8.12	9.01	10.02	11.18	12.5	14.02
	18	7.79	8.63	9.57	10.65	11.88	13.29	14.9
	21	8.26	9.15	10.15	11.3	12.61	14.12	15.85
2 岁	24	8.7	9.64	10.7	11.92	13.31	14.92	16.77
	27	9.1	10.09	11.21	12.5	13.97	15.67	17.63
	30	9.48	10.52	11.7	13.05	14.6	16.39	18.47
	33	9.86	10.94	12.18	13.59	15.22	17.11	19.29
3 岁	36	10.23	11.36	12.65	14.13	15.83	17.81	20.1
	39	10.6	11.77	13.11	14.65	16.43	18.5	20.9
	42	10.95	12.16	13.55	15.16	17.01	19.17	21.69
	45	11.29	12.55	14	15.67	17.6	19.85	22.49
4 岁	48	11.62	12.93	14.44	16.17	18.19	20.54	23.3
	51	11.96	13.32	14.88	16.69	18.79	21.25	24.14
	54	12.3	13.71	15.33	17.22	19.42	22	25.04
	57	12.62	14.08	15.78	17.75	20.05	22.75	25.96
5 岁	60	12.93	14.44	16.2	18.26	20.66	23.5	26.87
	63	13.23	14.8	16.64	18.78	21.3	24.28	27.84
	66	13.54	15.18	17.09	19.33	21.98	25.12	28.89
	69	13.84	15.54	17.53	19.88	22.65	25.96	29.95
6 岁	72	14.11	15.87	17.94	20.37	23.27	26.74	30.94
	75	14.38	16.21	18.35	20.89	23.92	27.57	32
	78	14.66	16.55	18.78	21.44	24.61	28.46	33.14
	81	14.96	16.92	19.25	22.03	25.37	29.42	34.4

4 个月的宝宝，体重约为出生时的 2 倍；满 1 岁的宝宝，体重约为出生时的 3 倍。从 5 个月起，宝宝的体重增长会比较缓慢，到大约 8 个月，宝宝的身高增长幅度会比较快，体态会变得比较修长。

与之前的两个阶段相比，新生儿至 3 个月的宝宝，是在适应自己的身体和这个世界，同时为身体储存足够的能量，让肌肉与骨骼茁壮到可动的程度。从第 4 个月开始，宝宝已愈发健壮，五感也逐渐丰富起来，他们开始意识到周遭的环境，并开始与周遭产生连结与互动。

宝宝的发展，是从头颈部开始，然后从上半身，一直往下循序发展。大多数的宝宝，从 4 个月开始，可以在趴着的状态下，自己把头撑起来，到 1 岁时，已经是学步阶段，这人生的第一年，是非常变化多端且多姿多彩的。

这是我常常在儿科门诊时，听到父母亲问的问题。每个小孩都有不同的体质及发育模式，1岁以内宝宝的身材与长大后的身材关联性并不大，有的孩子在婴幼儿阶段比较快，有的孩子小时候尺寸"迷你"，但是到了青春期发展突飞猛进，体格特别壮硕，都说不准。

对婴幼儿的爸爸妈妈来说，孩子在此阶段只要能循序渐进地成长，不需要为了在平均值中的百分比而担忧。当然，如果孩子突然有体重减轻、食欲不振的问题时，您就必须寻求医师的专业诊断，确认宝宝是不是生病了。

父母亲在照顾宝宝时，应保持开朗的心情，不要太过急切。只要你的宝宝身高体重值在正常范围内，身体无异常病症，就不必过分担心。顺应着孩子的体质自然地成长，他会有长高长壮的一天。

4个月~1岁的宝宝处于急速成长阶段，从躺在床上完全"喝饱睡、睡醒哭"，渐渐地学会翻身、爬行、站立走路，变化相当大。

（1）头颈部和背部肌肉变得强壮。从4个月时，在仰躺时能做到左右转头，趴卧时稍微撑起头颈部数秒。到满1岁时，宝宝已经能够撑住颈部，如同大人般地左顾右盼。

（2）有些宝宝从胎儿时期，就会把手放到嘴里；大部分宝宝是到了2~3个月，开始把手放到嘴里；直到6个月左右，宝宝会用手抓东西，还会从一只手传到另一只手；9个月以上的宝宝，则会用手指拿取细小的物品了。

（3）每个宝宝肢体各方面的发育速度并不一致，有些宝宝从小就是好动的，也有些宝宝则是较安静而温和的，没有任何优劣势的差异，父母亲不必操之过急。

（4）大部分宝宝在6~12个月时，开始尝试着爬行。爬行对宝宝的好处，主要是能够提高手眼协调能力及平衡感，促进脑部及感觉统合的发育。所谓感觉统合，指的是大脑对接收到的感觉信息做出适当反应的过程。每个宝宝的爬行方式不同，也有些宝宝没有经过爬行阶段，直接跨入站立行走的阶段，各不一致。

我们的身体会从周围接收到的信息，借由感受系统传达到脑部，再由脑部整理系统化之后，对运动神经下达指令，做出适当的反应。身体的感受系统包括视觉、听觉、嗅觉、味觉、触觉、前庭平衡觉、运动觉等，简言之，我们所做的每一个动作或对事情的反应，都是在各种感觉系统接收到周围的信息后，传送至脑部加以整合，才能做出一连串精确的动作。这一整个过程，称为感觉统合。例如宝宝吃辅食，一开始只会握着汤匙，但是抓握不稳，握法也不对，就算是挖到食物，可能也捞得不稳，无法顺利地完整送入口中，抹得满脸满身都是。不过这些动作都会在宝宝的感觉统合顺利发育后，达到完美的程度。

问题4 宝宝还未满1岁，囟门怎么合起来了?

囟门分为前囟门和后囟门，位于宝宝头部后面的后囟门，2~3个月闭合，前囟门则是从6个月开始逐渐闭合，直到1~1岁半时完全闭合。如果囟门过早完全闭合，会限制住脑部发育，确实有疑虑时，应就医检查，由医师检查闭合的情形，以进行确定诊断。

如有必要时会进行手术切开头骨，让脑部组织有发展的空间，以免影响脑部和智力发育。如果只是稍微早1~2个月完全闭合，感觉神经发展也都没有问题的话，不必担心。

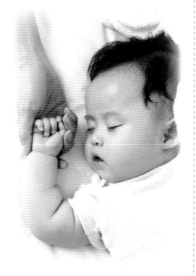

答　比较早熟的宝宝，大约在7个月就开始试图站立，但这是少数。大部分的宝宝是在9个多月的时候，学会站立。

在学会站立之后，父母亲就要多注意居家安全，也要多留心宝宝的动静，以免宝宝因为碰撞等原因而缺乏安全感和动力。

学走路也是一样的道理。大多数宝宝是在12~15个月时学会走路，也有些宝宝未满1岁时，就开始试图走路。不过也别忘了每个宝宝就像成人一样，会因为各自的性情、体质、个性，而有不同的"开窍"时间，这无关宝宝的智慧或资质。1岁半以上才学会走路的宝宝，也是大有人在。

医师讲堂
多多留意安全问题

有一句传统的话"七坐、八爬、九发牙"，道出了宝宝第1年内的大致发展。

宝宝从3~4个月开始，肢体各方面开始变得灵活起来，当你首次发现宝宝会翻身，就必须有所觉悟，因为从现在开始，宝宝已经脱离了"乖乖睡，吃饱睡"的行列。当宝宝会移动身体时，周遭潜藏的危机开始增加。当你暂时离开宝宝身边、转身取东西时，宝宝可能已经滚到床沿了。所以在照顾宝宝时，应做好安全措施。当你要让宝宝独处片刻时，必须确认他是在柔软且平坦的位置上，以免宝宝受伤。

答

每个宝宝的发育历程都会有些不同,其实不一定要会爬行才表示有意义,没有尝试过爬行的宝宝,并不表示发育比较迟缓。有些宝宝连匍匐前进都没有经历过,就直接开始设法站起来,学习走路。

也有些宝宝是先学站立,然后才开始爬行。只要你的宝宝身体健康、生长发育正常、天天都是开开心心的,就不必太担心。

宝宝开始出现爬行动机的阶段为 6~9 个月,爸爸妈妈们不妨以轻松的心情留意宝宝的动态。如果你觉得宝宝没有想要爬行的动机,可以多让宝宝做趴的姿态,在宝宝面前放玩具,吸引他想要往前移动。

宝宝刚开始的移动姿势可能不太协调,一开始是同手同脚、腹部贴地的匍匐前进,也有些父母会发现宝宝爬行时,一只脚是比较有力的。其实这是正常现象,起初爬行时,双腿的力量并不均衡,不必担心。

此时期宝宝的各方面感官均有发育，与人的互动变得密切。

从 4 个月起，宝宝在各方面的发育都有明显的进展，他们开始具备控制自己身体的能力，也开始意识到周围人物的反应，并能从互动中，启动表达能力。

这个阶段的大部分宝宝，都会面临"怕生"的历程。宝宝在 6 个月左右，大脑皮质层渐渐成熟，记忆力渐渐发展，他会开始分辨熟悉与不熟悉的事物，也会对陌生事物感到焦虑。这种现象，等到 12~15 个月，宝宝累积了足够的经验，就会渐渐改善。

此时期宝宝的表情愈来愈丰富，听到妈妈开心的声音时，也会跟着发出笑声。宝宝渐渐有了情绪，能表达喜恶，也会开始怕生。

语言发育方面，进展比较快的宝宝会发出一些简单的声音，例"呜""啊"等母音；当家人呼唤名字时，会做出一些无意义的反应。直到满 1 岁左右时，宝宝已经能够说出"爸爸""妈妈"等叠字，也能理解一些简单的指令，例如"吃饭""再见""不可以"等。

答

　　"黏妈妈"的行为，可以分为两个层次来看。第1个等级是家人，第2个等级是不认识的人。

　　先谈宝宝对家人的哭泣问题。如果说宝宝原本给爸爸抱不会哭，是从最近开始哭泣，这表示宝宝开始对妈妈产生依恋，不想被妈妈以外的人抱，并不是因为讨厌爸爸，或是觉得爸爸恐怖。

　　遇到这种状况，妈妈应该让爸爸全权接手，处理好这个状况，由爸爸继续哄哄宝宝，直到宝宝不哭为止，让宝宝感觉爸爸也很可靠，可以依赖。相反的，如果妈妈因为于心不忍，再度把宝宝抢过来抱，宝宝对妈妈的认定恐怕会更深，将来会愈来愈难以离手。

　　第2个等级，也就是"宝宝遇到不认识的人会哭泣"的问题，必须小心地处理。宝宝会怕生，是因为他对陌生人感到未知的恐惧，妈妈可以事先与会面的人做好沟通，请对方在初次见面时，要先给宝宝一点时间，让宝宝认识对方，感觉"这个陌生人是安全的"，再慢慢接近，如果宝宝仍然觉得恐惧而哭泣，也不要勉强宝宝接近对方。在这个过程中，要让宝宝在妈妈的怀中，让他仍保有安全感，以免对宝宝造成太大刺激，变得太敏感。

　　其实怕不怕生是宝宝天生的气质，不要太勉强宝宝。如果宝宝是比较内向的气质，不妨多给他一点时间适应，以免有反效果。

还小的宝宝没有语言的概念,周围人们说话的声音,对他来说只是一种声音。因此新生儿从喉咙中发出的哭声,到较大宝宝从口腔各不同部位发出的声音,以及到后来开始模仿大人而发出的声音,都不是在说"话"。要到了 10 个月至 1 岁半时,宝宝才会运用语言,说出对他们有意义的第 1 个字。

　　以下为宝宝语言发展的大致状态,仅供参考。

0～1岁宝宝语言发展

年龄	语言发展
新生儿	哭泣。
1 个月	会在不舒服的时候哭泣。能够从喉咙发出声音。
1~3 个月	会发出不同类型的哭声。
4~5 个月	会发出笑声。
6 个月	会发出咿咿呀呀的声音。
7~8 个月	能说出叠字,例如"爸爸""妈妈"(但实际上并不是在呼唤爸爸、妈妈)。 对于接收到的简单指示,能做出无意义的反应。
9~12 个月	开始具备语言的能力,能够理解话语所表达的意义。
12 个月	能在了解意义的情况下,说出 2~3 个单字。 了解物体的名字。

一般来说，宝宝的语言学习发育进程如下，在此仅供父母了解。一面参考相应的对照标准，一面观察宝宝的实际发育，是一件有趣的事。不过仍要提醒父母，每一位宝宝的气质与特质皆不同，爱说话、爱发声的宝宝，和比较文静寡言的宝宝，并没有智商与智慧的差别。

（1）从说与听的互动中，逐渐了解耳朵所接收和口中所发出的声音，是有关联性的。

（2）懂得回应来自外界的声音，但回应的是无意义的声音或语言。

（3）会发出不同的声音并能借由声音表达自己的情绪。

（4）开始为自己建立声音的资料库。

（5）能够发出各式各样的声音。

（6）开始学习语言，会模仿别人，也会表达需要。

（7）开始懂得语言所表达的意义，不再只是玩发声游戏。

（8）听得懂简单的话语。

一、新生儿阶段，混乱中学习

问题 1 | **宝宝睡眠时间长，我可以休息吗？**

　　新生儿阶段的宝宝，因为还在练习吸吮，所以吸奶速度较慢，时间拖得长，加上睡眠也是醒醒睡睡，作息不固定，常常有许多必须适应的突发状况。如果这时期坐月子的妈妈必须同步照顾宝宝，很容易处于心力交瘁的状态。

　　软绵绵的新生儿，每天的活动就是吃喝拉撒睡。虽然整天都是醒醒睡睡，但大约有 20 小时是在睡眠中度过，所以父母亲要好好趁宝宝休息时尽量休息。其他就是解决宝宝的日常生活问题，还有清洁需求，让宝宝舒舒服服地喝奶，获得安稳的睡眠，好好长大，就是宝宝和父母们这个月的最大责任，不必想太多，第 1 个月往往在不知不觉中便度过了。

答

对宝宝而言，"亲喂母乳"是不二良选。"母乳最好"这个观念应该已经相当普及了，但是在职妈妈面临产假结束时，迟早要迈向"由亲喂改为瓶喂"的关卡，加上刚生产完，产妇挺着疲劳虚弱的身体，还得面临与宝宝互相适应的问题，实在是苦不堪言。这时如果在亲喂时，碰上宝宝吸乳不足、哭闹、作息不定，难免会让妈妈意志薄弱，这时如果要采取中庸之道——瓶喂母乳的方式，也是可行的。

瓶喂的优点有喂奶量固定、作息容易调整、吸食容易、喂食过程较顺利、可以掌握宝宝每日摄取量等，一开始喂奶时，一定是瓶喂比亲自喂顺利，不过以长远眼光来考量，亲喂母乳只要渡过适应阶段，宝宝和妈妈都能掌握吸吮的方式后，喂奶的过程会比瓶喂轻松很多。喂奶是一条长期的路，妈妈们在进行哺喂计划之前，应三思而后行。

问题3 宝宝喝奶量有没有简单的准则?

对于配方奶宝宝的喝奶量,有一个简单公式,就是依照宝宝体重,每千克每日需求为 150 毫升计算,即为宝宝每日的需求量。

150 毫升 × 体重(千克)= 每日需求奶量

以上公式适用于 3 个月以内的宝宝,3 个月以后奶量逐渐减少,超过 6 个月以后的宝宝,由于添加了辅食,奶量更要酌减。

医师讲堂
母乳与配方奶的差别

在职妈妈可能会因为工作环境没有提供收集母乳的空间,觉得既然宝宝最终都是采用配方奶,那么不如一开始就好好休息,直接采用配方奶,一劳永逸。

在这里提供母乳与配方奶的分析比较知识,以供参考。

比较项目	母乳	配方奶
成分	❶具有天然抗体,可增强宝宝免疫系统。 ❷每一位妈妈为宝宝量身订做,成分随之调整。* ❸含天然胆固醇,对于宝宝前 2 年的发育,能发挥很好的作用。 ❹成分无负担、好消化,粪便较稀。 ❺含有 400 多种天然的营养素,奶粉厂商迄今无法仿制。	❶尽量依据母乳成分开发,但无法添加人类的免疫球蛋白。 ❷固定配方,不会变动。 ❸含高于母乳的蛋白质、矿物质、脂肪,可能会对宝宝身体造成负担。 ❹食物残渣较多,粪便比较成形。 ❺有符合各类需求的配方奶,但只能做到贴近母乳的成分。
喂食便利性、喂奶程序	❶较便利。 ❷清洁乳头→直接喂食→几乎免拍嗝。	❶较繁琐。 ❷冲泡→喂食→拍嗝→清洁奶瓶→消毒奶瓶。
费用	较节省,免额外费用。	较花费金钱。

*例如早产儿的母亲和足月产宝宝母亲比起来,母乳中含有较多的免疫球蛋白。

问题4 **宝宝喝奶量少，间隔时间短，营养就会不够吗?**

"同为新生儿，听到别人家的宝宝，一餐可以喝70毫升，不仅喝得快，间隔时间拉得又长，可以3小时喝一次；我家宝贝一餐才40~50毫升，而且大约2小时就喝一次，真是担心，怕他的营养摄取不够，会不会影响发育?"

这是我在儿科门诊，最常遇到的问题之一。妈妈们总是担心宝宝吃不够、发育跟不上大家，其实会提出这样问题的妈妈，大部分是多虑了。

每个宝宝的性情和体质都不同，吸奶的习惯和食量也各有差异。尤其新生儿时期，喝奶习惯变动的机会还很大，很难强制调整，此时期尚无需为了吸奶的习惯而担心。

答　有一部分比较紧张的妈妈（特别是书读得比较多的妈妈），会担心宝宝营养摄取不足或发育不良，所以希望为宝宝寻求喝奶的标准，坊间也有针对这方面的诉求整理出非常详尽的指标性资料，例如几小时喝一次奶，喝多少分量都详尽分析。不过对于这一类信息，我持保留的态度。

每个宝宝的体质、性情、生理状态皆不同，今天宝宝可能心情好，胃口佳，喝的比较多; 过几天，他可能因为尿布疹、身体不适，喝得比较少。就像我们大人一样，可能今天天气热或是心情不好，比较没有食欲，所以吃得比较少，不过明天身体比较舒服，胃口就来了。在这多与少之间，其实差异无非就是那几口，这些都无损于健康，不是吗？

更何况还有亲喂母乳的宝宝，母乳饮用量根本无法量化，更是无从得知宝宝的喝奶量，如果斤斤计较的话，妈妈恐怕会太紧张，很难开开心心地照顾宝宝，乳汁分泌一不顺利，连产后抑郁都会随之而来了。

所以，妈妈们不需要因为1~2天宝宝的食量变小而忧心。只要宝宝体重持续增加、看起来喝得饱、神情正常，宝宝就是健康的。宝宝健康与否，其实是看得出来的。健康的宝宝也会有爱哭闹的时候，只要吃得好、活动力好、体重有增加，就不用担心。

问题 6　长辈对母乳没有很支持，我该如何说服他们？

　　母乳哺育的观念其实已相当普及，许多新生代妈妈都是从怀孕期就踌躇满志地计划着亲喂宝宝母乳。反而是长辈会对喂母乳提出质疑，多半是因为早期社会将奶粉视为昂贵的产品，因而认为奶粉比母乳要好。尤其母乳宝宝的体重增长率比配方奶低，如果周围没有支持的动力，很容易让产后身体还待恢复的妈妈心力交瘁，而转投配方奶阵营。

　　关于配方奶与母乳的讨论，信息繁多。其实面对长辈质疑的妈妈们，可以从以下观点来说服家人，一方面也可以运用这样的思维为自己打气。

　　（1）喂母乳有助于子宫收缩复原：亲喂母乳的妈妈，子宫收缩的状况较好。在宝宝吸吮乳头的动作下，能够促进催产素分泌，加速子宫收缩，让孕期被宝宝撑大的子宫能尽快收缩到孕前的大小。

　　（2）有助于身材恢复：这一点的理由很简单。喂母乳可以消耗掉妈妈体内多余的热量，轻易达到瘦身的目的，恢复为怀孕前的身材。

　　（3）降低罹癌风险：哺喂母乳除了可以降低患乳腺癌的风险，最新研究报告还指出可以降低 2/3 的卵巢癌风险，而且哺喂的期间愈长，风险会愈低。

　　（4）心理上的慰藉：当母亲亲喂宝宝吸奶时，双方在精神上的满足感是无可比拟的。

　　（5）降低宝宝过敏概率：母乳含有免疫调节的功能，因此母乳宝宝过敏的概率较低。

　　（6）无论如何，母乳成分都是优于配方乳：这是最能说服长辈的一点。那就是母乳的成分最适合宝宝。好的配方奶厂商，会标榜"成分最接近母奶"，但目前还没有任何一种配方奶，成分能和母奶一致，光靠这一点，母奶便毋庸置疑地胜过配方奶。

答 母乳是最不会引起过敏的食物，与配方奶相比，也是较能降低过敏发生概率，并能提供宝宝免疫力的食物。此外母乳中的免疫成分可以提供宝宝更强的免疫成熟度，使宝宝对于过敏物质的抵抗力较强。因此过敏体质的妈妈，更应喂食宝宝母乳。但是过敏体质的妈妈，在哺喂母乳期间，应避免摄取容易引起过敏的食物，例如鸡蛋、牛奶、坚果、海鲜等。

妈妈可以观察母乳喂养的宝宝喝奶后，如果没有出现任何过敏症状的话，就代表着宝宝对妈妈该餐所摄取的食物没有过敏反应。另一方面来说，如果妈妈摄取了含有微量过敏物质食物的话，如果分量不多，其实对宝宝来说不是坏事。因为此时妈妈等于同步地将少量变应原（过敏原）提供给宝宝，也增强了宝宝对过敏物质的耐受性。

过敏妈妈可以适度地训练宝宝对过敏的免疫力，如果一味地为宝宝避免掉所有的过敏食物，会让宝宝对过敏物质完全没有抵抗力，等到过敏病情一发作，恐怕会病情严重，反而比较难处理。

医师讲堂
适合过敏儿
的配方奶粉

过敏宝宝的妈妈如果无法喂宝宝母乳，可以依据医生建议，挑选部分水解蛋白或是水解蛋白婴儿奶粉。

水解蛋白的原理，是将奶粉中的大分子蛋白质分解为较小的分子，让宝宝吸收后较不会产生过敏反应。部分水解蛋白奶粉是针对过敏高发生率的宝宝，水解蛋白奶粉则适合已确认有牛奶蛋白过敏问题的宝宝。在选择之前，请咨询医生后再进行购买。

问题8 直接亲喂母乳，怎么知道宝宝吃饱了？

因为是直接由宝宝吸吮母乳，无法像瓶喂宝宝般得知喝了多少分量，这个问题让很多妈妈感到忧心。其实，只要抓到几个基本原则，妈妈尽可以放心地看待宝宝的摄食。

一般来说，由于母乳较容易消化，所以亲喂的新生儿，2.5~3小时喂一次是可以接受的。至于换尿布的间隔时间，一般为3~4小时一次，且尿布是有"重量"的，即可放心。当然，体重适量增加是喂食足够的最直接证据。

问题9 宝宝吃奶睡着了怎么办？

特别是月龄较低的宝宝，常常会在吃奶的时候睡着了。由于妈妈的怀里很温暖，让宝宝充满安全感，吃奶本身就是件"费力的事"，再加上周围的环境安静没有任何干扰，宝宝需要的睡眠又比成人多，在温暖、劳累和安静中，宝宝很容易入睡。

但宝宝在吃奶时入睡，却不是一个很好的吃奶习惯。宝宝如果在吃奶时频频入睡，每次吃奶量少，会造成吃奶频繁，影响妈妈泌乳和宝宝的成长，让妈妈和宝宝都过于辛苦。

如果宝宝在吃奶的过程中停止了吸吮，出现要入睡的征兆，只要轻轻转动一下乳头，就可以刺激宝宝让他继续吸吮。如果不管用，妈妈可以捏捏宝宝的耳朵，弹弹宝宝的脚心或者轻拍宝宝的脸颊，给宝宝一些刺激，让宝宝醒来继续吃奶。

问题 10 宝宝每次喝完奶就吐出来，是吃太多吗？

答 乳汁从宝宝嘴角、鼻孔少量流出来的现象，称为溢奶，这是因为新生儿的胃的贲门括约肌还未成熟，所以姿势稍微移动，便可能导致喝进去的部分乳汁从口鼻中逆流出来。另外，如果宝宝喝得太饱或哭闹、扭动的话，很容易导致吐奶。这些通常为正常现象，无须担心。

当宝宝吐奶量为 5 毫升、10 毫升，大约为沾湿一整片喂奶巾的分量，即为少量，此类溢奶可能是因为吃太饱而造成的胃食道反流，不算大量吐奶。当宝宝大量吐奶的现象频繁，1 天超过 3 次时，就必须留意。如果宝宝没有上述"喝奶量大、哭闹、特殊姿势"的要素，却多次大量吐奶时，应就医检查。

问题11 溢奶到什么样的程度应该就医呢?

　　当宝宝有经常性大量吐奶的问题,例如1天大量吐奶超过3次,且吐出的奶量超过饮用的一半时,就必须特别留意。

　　宝宝每吃完一餐,没有特殊的姿势变动就大量吐奶,即为异常现象。1天吐奶超过2~3次,也是必须留意的征兆,有可能是肠胃道阻塞引起的。

　　总括来讲,宝宝吐奶频率的评估,是以不影响宝宝发育为大原则。当大量吐奶次数在1天1次的频率之内,且宝宝体重持续增加,发育正常,就不用过于担心。如果吐的量太多,导致无法吸收营养、体重下降,便应就医检查。

问题12 宝宝生病了,还能继续吃母乳吗?

　　当然能,而且母乳是治愈宝宝疾病的良药。母乳中含有丰富的、易于被宝宝吸收的营养物质,还有各种提高免疫力的物质,可以帮助生病的宝宝更快地战胜疾病。

　　宝宝生病时应该坚持母乳喂养。如果宝宝需要住院,妈妈应该在病房陪护,或按时到医院为宝宝喂奶。如果宝宝生病需要隔离,妈妈应该将母乳定时吸出交给医护人员,请他们帮忙喂宝宝吃。

问题13 怎么改善宝宝溢奶的状况?

答 对于容易溢奶的宝宝，可以采取以下方式调整。

（1）调整喂奶姿势：躺着喂，溢奶频率高。让宝宝上半身挺起来，是比较安全的喂奶姿势。

（2）喂奶时观察宝宝的喝奶状况：喂食时，观察奶瓶内奶量减小的情况，如果宝宝喝得太急，可以把奶瓶抽出，让宝宝稍微休息几秒，再将奶瓶放入口中。

（3）减少奶量，改成少量多餐：例如原本间隔时间较长，宝宝因为肚子饿而会喝得多，胃容量一时装不下，就会吐出来，所以不妨试着把喝奶时间间隔缩短，原本为 4 小时，不妨稍微缩短为 3 小时，喝的分量也稍微减少。

（4）宝宝喝完奶后，不要马上躺下：喂完奶后，可以把宝宝稍微抱直一阵子，甚至到完全睡着，再让宝宝躺下。完全睡着的孩子不会扭动，能减少溢奶情况；此外，宝宝躺下时，也可以稍微将他的上半身垫高一阵子，不要完全平躺。

（5）避免扭动哭闹：宝宝喝完奶后，避免大幅度的扭动或哭闹，以免造成溢奶。

（6）喂完奶之后，替宝宝拍嗝：帮宝宝拍嗝，排除掉腹部之内的空气，再让宝宝躺下。

如果做到以上 6 点，宝宝吐奶的频率还是很高，有可能是幽门狭窄或肠阻塞，建议尽快就医，进行评估与治疗。

二、2 ~ 3 个月宝宝，试着建立稳定的喝奶模式

问题 1 **该怎么让宝宝喝奶的时间变得规律?**

 答

每个人都有不同的个性和脾气，宝宝也是一样。有的宝宝喝奶又快又急，胃容量小，因此容易吐奶；有的宝宝喝奶速度慢，而且容易睡着；有的宝宝前半段喝得急，后来就放慢速度，享受吸吮的乐趣……遇到一个喝奶速度快，而且胃容量大，吃得饱、睡得香的宝宝，真是每一对父母的共同梦想。不过这种事是不能强求的。

父母亲可以做的，是在了解宝宝的体质和脾气后，找出最有效率又能满足宝宝需求的照顾方式。对于 2~3 个月的宝宝，可以朝"逐渐规律"的方向努力。

一般来说，配方奶宝宝的喝奶时间间隔为 3~4 小时，母乳宝宝的时间间隔为 2~3 小时。大致上了解宝宝的时间模式后，可以在此前提下，为宝宝做调整。例如说，当宝宝在白天睡的时间比较久，超过了 4 小时，就可以把宝宝唤醒喂奶，渐渐地把时间变得规律。

答 如果你确认宝宝一餐喝饱了，躺下去没多久就开始"哎哎"地叫，那么你就应该从其他原因去寻找宝宝的需求，而不是再度喂奶，以免让他养成频繁吃奶的习惯。宝宝的需求，可能是尿布湿后包覆太久、肚子胀气等因素，在帮宝宝先排除其他因素之后，有必要时可以提供安抚奶嘴，让宝宝比较容易入睡。

问题3 宝宝呛奶了怎么办?

答 宝宝吐出的奶水如果被吸入气管，就会引发呛奶。呛奶会引发宝宝咳嗽，严重的还会引发吸入性肺炎，甚至发生窒息，有生命危险。

宝宝发生呛奶该怎么办呢？如果宝宝只是轻微咳嗽，没有其他症状，大人需要抱起宝宝，为宝宝用拍嗝的方法拍打后背，帮助宝宝把奶水咳出，将宝宝放下时，保持右侧躺。

如果宝宝出现呼吸困难，脸色发黑并伴有哭泣，则需要把宝宝面向下伏在大人腿上，让宝宝身体微微向下倾斜，轻轻用力拍宝宝后背上两个肩胛骨之间的位置，帮助宝宝排出呛住的奶水，然后立刻送医。

医师讲堂
开始训练
宝宝规律喝奶

度过了如同一场混战般的新生儿阶段，宝宝吸吮喝奶的能力变强，也慢慢苗壮起来，父母亲对于宝宝的性情较了解，对于照料宝宝也比较上手，可以开始试着让宝宝规律地喝奶，并训练宝宝夜间不喝奶的习惯。

问题 4 该让宝宝戒掉夜奶的习惯吗?

答

2~3个月且体重满5.5千克的宝宝,可以试着戒除夜间喂奶的习惯。调整的原则,可以从"不积极于夜间喂奶"做起。

首先,是把宝宝晚上最后一次喝奶的时间,调整为上床睡觉前完成,而且为了让他睡前这一餐喝多一点,可以试着将前一餐喂少一点。其次,是尽量把深夜喝奶的那一次时间延后。当宝宝于夜间醒来小声地叫时,不妨默默观察,不要急着喂奶,如果宝宝朦朦胧胧地再度睡着,就可以把时间延后,也有可能宝宝就一觉到天亮了。

当然,如果宝宝确实想喝奶且大声地哭泣起来,就必须跟宝宝道个歉,并立即满足宝宝的需求。如果让宝宝在夜间有这样激动的反应,这样的尝试就要至少间隔约1周再做。因为这种情况常常发生的话,会让宝宝缺乏安全感,变得难照顾。

问题5 宝宝一哭就抱起来，真的会变得很难带吗？

答

这是很多年轻妈妈会提的问题。家中长辈会劝说，不要一看到宝宝哭就立刻抱起来，否则宝宝会被宠坏。但是看到宝宝哭得声嘶力竭，会觉得很不忍心，实在两难。

其实完全不抱和一哭就立刻抱起来，都是不对的。我的建议是当宝宝只是微微哭泣，可以过去关心下，稍微跟孩子说说话。宝宝有时也只是有一点情绪，感觉到有人陪伴，便能恢复心情。至于让孩子哭泣到脸色涨红或发青的地步，不去理会，这也不对。

刚出生前几个月的宝宝，其实是不会被宠坏的，因为此时期的宝宝尚未具备思考人与人之间的因果关系，仅能借由哭泣来表达他的需求，哭泣是宝宝的语言，当他哭泣，表示他想要表达需求。因此请尽量在这个时期，多多了解宝宝的需求，并确实地解决。

当然，这也并不意味着父母亲必须随时随地抱着宝宝，哄宝宝。这样的行为，会让宝宝感到疲倦，甚至烦躁不安。父母亲只要在宝宝有需求或是精神饱满的时候，陪他说说话，逗一逗他，适时适地让他感到开心即可。

问题6　何时添加鱼肝油和钙剂？

答　　鱼肝油的主要成分是维生素 D 和维生素 A，它们是宝宝生长发育中必需的营养物质。维生素 D 能促进肠黏膜吸收钙和磷，并能将其转运至骨髓，有利于小儿骨髓的生长发育。维生素 A 能维持上皮细胞的健康生长，可防止夜盲和眼干燥症的发生。

　　服鱼肝油的目的主要是预防佝偻病。佝偻病是由于维生素 D 缺乏所引起的骨髓发育不良的一种疾病。太阳光中的紫外线可使人体皮肤下的 7- 脱氢胆固醇转换成维生素 D。可是，生后 1 个月内的小婴儿大多生活在室内，很少能直接接触到阳光，使皮肤不能自然合成内源性的维生素 D，而母乳或牛奶中维生素 D 含量又很低，远远满足不了宝宝生长的需要，所以从新生儿期就要注意添加维生素 D，特别是冬春季出生的婴儿。

　　一般足月的新生儿，不论吃母乳或牛奶，均应从出生后第 3 周开始给宝宝喂 400 国际单位的维生素 D。早产儿、双胎儿、人工喂养儿、冬天或雨季出生的小儿更容易缺乏维生素 D，所以添加鱼肝油时间可提前在生后 2 周开始。开始每日 1 次，每次 1 滴，观察几天无消化不良反应后，可逐渐增加，但最终每天总量不能超过 5 滴。一直服用到 2 岁。到 2 岁以后，小儿生长速度减慢，室外活动增加，不容易发生佝偻病，因此一般不需要再添加维生素 D。

　　市售浓缩鱼肝油不适合小儿服用，宝宝补充维生素 D 要选择儿童用的鱼肝油滴剂，其中维生素 A、维生素 D 含量比例为 3：1，适合宝宝生长发育需要。既可预防佝偻病，又能适量补充维生素 A 而不致中毒。

　　宝宝什么时候开始补钙并没有明确的时间，一般建议在 6 个月以后。如果宝宝有烦躁，不易入睡，睡后易啼哭、易惊醒等症状，家长就要考虑开始给宝宝补钙了。若宝宝出现出牙晚、头发稀疏、发育迟缓、足外翻、足内翻、鸡胸等症状时，就是比较严重的缺钙症状了，必须得给孩子补钙了。

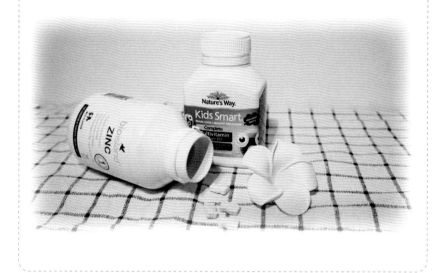

三、4个月~1岁的宝宝，饮食学问大

问题1 准备让宝宝改为"瓶喂"，可以先做哪些准备？

许多母乳妈妈在产后数个月，产假结束之后，开始考量为宝宝改为配方奶或是母乳与配方奶混喂的哺育方案。这时妈妈必须循序渐进地让宝宝适应奶瓶，每天母乳分泌较少的时段，帮宝宝改为瓶喂配方奶，循序渐进地减少亲喂频率。

原本亲喂母乳的妈妈，也可以及早让宝宝接触奶瓶。如果你没有打算亲喂母乳到宝宝自动断奶为止的话，其实可以在乳汁分泌量正常之后，试着让宝宝偶尔接触奶瓶。但是使用频率不要太高，以免宝宝排斥乳房，吸吮量变少，造成乳汁分泌量减少。举例而言，1天使用1次奶瓶，是可以接受的频率。2个月左右是不错的开始时机。当宝宝渐大，喝奶习惯养成时，如果只认定妈妈的乳房，这时再进行瓶喂训练，会比较困难。

医师讲堂 4个月~1岁的宝宝饮食有哪些大转变？

4个月~1岁宝宝和爸爸妈妈在饮食方面，开始有了几个适应问题。首先，部分妈妈开始帮宝宝断母乳，改为母乳与配方奶混合哺育；其次，宝宝逐渐摆脱以喝奶为主的摄食习惯，开始搭配辅食，于是产生了喝奶和辅食的时间搭配问题；第3个大问题，就是宝宝在接触各种食材之后，出现了对食材的适应问题、厌食问题等，父母亲要先做好心理准备，开始陪宝宝一一克服这些问题。

答   4~6个月的宝宝，开始适应辅食了。辅食阶段的开始，一方面是因为宝宝渐渐长大，乳品中的营养已无法满足宝宝生长发育的需求。另一方面是让宝宝摆脱吸吮摄食的习惯，改为适应吞咽咀嚼的形式。

大部分家长都知道应从最不易导致过敏的米糊搭配乳品开始哺喂宝宝，但在喂食方式上没有帮宝宝同步练习，只是把婴儿用米粉添加入奶瓶中冲泡，以瓶喂的方式喂食，其实运用汤匙吞咽也是一项重要的练习，请尽量不要忽略。

问题3 如何知道宝宝可以喂辅食了？

理想的婴幼儿喂食方式为纯母乳哺喂至宝宝6个月，4~6个月大时可以开始添加适量的辅食，并持续哺乳至2岁，甚至2岁以上。当宝宝符合以下状况，就可以着手准备喂辅食。

（1）出生满4~6个月：此时宝宝的消化系统已逐渐发育成熟，能消化一些含淀粉、蛋白质的食物，且每日喝奶量也已达到一定的程度，无法再增加，甚至进入厌奶期。

（2）头、颈、背部能稳定直立：如果宝宝在大人扶持之下，头、颈、背部可以稳定直立，便可以试着喂辅食了。

（3）口水的分泌量够多，且能闭口咀嚼：口水有助于分解食物中的淀粉，还能湿润食物，有助于吞咽。宝宝约在3个月大会开始分泌较多的口水，若宝宝能闭口并具备咀嚼、吞咽口水的能力，也代表着宝宝能够开始接受辅食。

（4）长出乳牙：表示宝宝开始具备切断及咀嚼食物的能力，可以尝试食用辅食。

（5）具备吞咽食物的能力：宝宝吞咽相关的神经肌肉尚未成熟时，舌头会将放入口中的食物自动地推出来，称之为"吐舌头反射"。如果将食物放在宝宝舌头中央，他不会反射性地吐出，便表示宝宝已能顺利将食物吞入胃中。

（6）对大人的食物产生兴趣：宝宝在大人用餐时，会表达兴趣或做出要求，看到有兴趣的食物会伸手去抓，并准确放入口中。

宝宝食用辅食的时机，建议选在宝宝不会太饿、精神愉快、心情好的时候尝试。主要是因为太过饥饿的宝宝，可能无法有耐性地做新的尝试练习。

第一次喂辅食，可能浅尝辄止。建议在宝宝喝完奶之后，提供 1~2 口，让宝宝与辅食做第一次接触。等到宝宝渐渐熟悉辅食的口感和饱足感之后，再将辅食移到喝奶之前，会是比较顺利的喂食程序。

辅食的喂食从单一食物开始?

喂辅食的原则，是从单一食物开始，让宝宝慢慢适应食物，也顺便观察宝宝是否对食物有过敏反应。一次只试一种食物，每一种食材约试 3 天，确认宝宝没有过敏的反应后，就可以继续尝试其他食物。

食物过敏宝宝的胃肠道症状，包括拉肚子、呕吐、胀气、哭闹、皮肤过敏等，还有可能让原本的异位性皮肤炎更严重。

如果发现宝宝在吃了某种食物后，有以上过敏症状，不妨隔几天再试一次。几次测试之后，便可确认宝宝对此食物过敏，若真的过敏则应避免再提供给宝宝。

对于有明显过敏现象的宝宝，或是有过敏疾病家族史者（也就是父母兄姐中有气喘、变应性鼻炎、变应性结膜炎、异位性皮肤炎等过敏患者），延后辅食可以降低过敏的发生概率，因此建议可将辅食延至6个月后再开始。

谷类食物的喂食顺序，建议先从米食开始。至于小麦则是较容易引起过敏的谷类，建议延后至8个月后再提供给宝宝。

蔬果类常常是父母的第二选择，但是也有些医师建议以蔬菜优先于水果喂食。主要是因为不希望宝宝太早接触甜味食物，关于这方面想法见仁见智。

如果宝宝有过敏的家族史，表示宝宝的过敏发生率会比较高，建议把芒果、奇异果、贝壳类海鲜、蛋白等延至1岁以后再喂食。容易导致过敏的花生、坚果、巧克力等，2岁以内不宜食用。

答：

一般而言，大致的顺序如下：

（1）0~3个月宝宝，只要喝母乳或是配方奶便已足够。

（2）对4~6个月宝宝而言，米粉、麦粉、水果汁、蔬菜汤都是很适合的选择。市售的婴儿米粉和麦粉，营养成分是针对宝宝的需求而设计，而且冲调方便，是方便的选择。如果对宝宝较有过敏的疑虑，可以从单一成分的米粉开始食用。

此时期的宝宝，每日可摄取30~50克米粉或麦粉，搭配泡好的配方奶或母乳，调成糊状食用。果汁和蔬菜汤，大约可以从1次1~2汤匙开始摄取。

（3）7~9个月宝宝可以增加食物的种类，并变换烹调的形式。此时期的宝宝，每日大约可以摄取80克的米糊或麦糊、30克蔬菜泥和水果泥、50克的肝泥。此外，肉泥、蛋黄泥都可以渐渐尝试接触，主食类如稀饭、面条、面线也都可以让宝宝逐渐尝试，也可以混合制作成料理。例如肉泥蛋黄稀饭。

（4）10~12个月宝宝除了以往所尝试的食物可以继续食用，也可增加尝试的种类，以及尝试更"扎实"的食物类型，例如干饭、全蛋等。

宝宝不太会吞咽，弄得到处都是怎么办？

　　宝宝在刚开始面对汤匙时，会因为吞咽反射，在食物一放入口中时，舌头自发性地把食物推出来，这时不用心急，不妨再多等一段时间，再做尝试。

　　宝宝还可能因为不熟悉"咀嚼后，再送入喉咙中吞咽"的动作，会把食物弄得满脸满嘴都是，事实上只要能摄取到一部分，就是一种练习，可以慢慢来。

直接用汤匙喂米麦粉是不是更好？

　　直接加入奶瓶中，可以知道宝宝能不能适应最基本的奶粉或麦粉。有些宝宝虽满4个月，但不见得咀嚼能力有达到这样的程度，其实不用太严格。当然也不要任由宝宝使用麦粉奶瓶太久。可以慢慢练习宝宝使用汤匙，不要太过心急，以免让他对食用辅食产生恐惧感。

长辈常用大骨高汤熬稀饭，会比较健康吗？

辅食中，添加少许调味是可接受的，但是基于健康饮食原则，仍不希望太早给孩子吃调味过多的食物。现代很多妈妈会伤脑筋于孩子很挑食，或是喜欢口味重的食物，其实就是因为孩子太早吃到调味的食物，养成口味太重的习惯。建议从小时候开始训练宝宝习惯清淡饮食，品尝食材的天然原味，如此不仅能够降低孩子的过敏概率，还能够建立健康的饮食习惯。

宝宝对食物过敏的生理反应？

如果宝宝的脸上、嘴附近或身上出现红疹，或是排便时有拉肚子、粪便中有血丝，都有可能是食物过敏。

此外，宝宝吃到过敏食物时，所排的粪便会很容易引发尿布疹，和平常没有过敏时的粪便很不一样。如对食物产生过敏反应，建议暂时排除导致过敏的食物，隔数周后再行尝试。

各阶段宝宝的辅食如何分配?

答

　　4~6 个月的宝宝,开始尝试辅食,这时的目标要放得比较和缓,辅食的分量占每日热量的 10%~20%,奶量占每日的 80%~90%。至 7 个月时,喝奶量和辅食的比重为 1 : 1,也就是喝奶量和辅食有相同的重要性。满 1 岁以后的宝宝,喝奶量占一日热量的 20%~30%,食物占一日热量的 70%~80%,也就是说,对周岁宝宝而言,食物为主,乳品为辅。

　　在每日次数方面,也可以参考世界卫生组织的建议:6~8 个月宝宝一天至少要吃 2 次辅食,9 个月以上宝宝,一天至少要吃 3 次辅食。

6个月的宝宝,每天吃2次辅食,会不会太多了?

答

　　6 个月宝宝每天吃 2 次辅食是正常的,如果你是循序渐进地增加分量提供给宝宝,不是突然地大量增加,而且宝宝也是一口一口地开心食用,后续没有身体不舒服的问题,那就是没有问题的。宝宝胃口好是一件好事,不必担心肥胖问题。辅食的形态大多数为糊状,水分含量很多,营养和热量绝对不会超标,家长们不必担心。

答　　宝宝在刚开始接触辅食时，先以适应辅食的口感、练习咀嚼和吞咽为主要目标就好，练习接受汤匙及杯子等餐具，对宝宝而言是相当大的进步，所以爸爸妈妈一开始要拿出耐心，让宝宝感觉这是一件有趣而且开心的事，以免宝宝对辅食产生负面情绪，处理起来会愈来愈困难。

医师讲堂
耐心看待孩子
吃辅食

很多事情自然会发生，宝宝的发育也是，父母必须要有耐心，默默守候孩子，不要操之过急。如果别的小孩1岁能够把辅食吃得很好，你的孩子现在没有办法做到，但是晚了1个月，也一样做到了，那有什么关系？

（答）　原本很顺利，但是突然不接受，妈妈可以从食物的形态或是变换食材着手研究。妈妈也可以同步尝一尝，看看味道是不是和之前制作的有差异？是不是食物颗粒太粗糙了，宝宝觉得难以吞咽？这次挑选的蔬菜是不是比较涩？或是挑选到了比较酸涩的水果？从细节考量，下一餐再做调整。

宝宝渐渐有了自己的性格，偶尔会有心情的变化，所以也有可能只是进食当天宝宝的心情有所变化。例如宝宝在疲倦的时候可能会比较浮躁，天气热的时候也会没有食欲。

对于一时的状况，妈妈不必太紧张或灰心，添加辅食是一个很长的阶段，宝宝自己会分辨饿和饱的感受，他不会让自己饿到的。

医师讲堂
以轻松而认真的
态度陪宝宝用餐

宝宝其实很少有不爱吃辅食的。在我遇到的状况中，有许多以喝奶为主的宝宝，是由于父母亲在喂食孩子的过程中，因为找不到诀窍，导致宝宝多次拒食，而感到灰心。于是这些爸爸妈妈便自暴自弃地以为"既然宝宝爱喝奶，不想吃辅食那就算了"，于是自动为宝宝放弃辅食，觉得多给宝宝喝些奶就好了。

我在这里要呼吁父母亲们，对宝宝的照料喂食务必要坚定，不要太过患得患失。如果宝宝一餐不肯吃，请不要放弃，下一顿可以准备其他种类食物尝试。除了食材的变换之外，也可以试着改变用餐环境或是改变用餐流程，让宝宝把用餐当做一个活动，与他喜爱的物品做一些连结，宝宝就会觉得吃饭是一件有趣的事情，也就能够逐渐开心地用餐。

对于吃饭容易分心的宝宝，则要尽量排除掉分心的因素。例如对于一边吃一边玩的宝宝或是喜欢新奇事物的宝宝，就要把用餐环境清空，让他知道用餐是一件正式的事情，必须专心进行。以正确而温和的方式，引导宝宝专心面对用餐这件事。很多妈妈会因为宝宝在用餐时刻，没有专心吃饭而动怒。其实这代表着宝宝的肚子还不够饿，你可以让宝宝离开餐桌，让宝宝等到下一顿的时间再用餐，这时宝宝多半可以吃得又快又好，不需要"威胁利诱"。天下没有一个宝宝会想要把自己饿到，请把用餐的权利交给宝宝，父母只要妥善在旁担任正确引导的角色，保持积极的心态，相信你的宝宝会逐渐搞清楚吃饭是怎么一回事的。

问题15 宝宝吃了辅食后，排便反而减少，是吃得太少吗？

吃辅食的宝宝，排便次数变少，而且粪便会比较稀软，这是正常的现象。不过应留意宝宝的粪便，如果食物都是以原形排泄出来，而且还看得到食物原本切割的形状，那么父母就得多花点心思，把宝宝的辅食处理得更细腻一点。

问题16 宝宝吃了辅食后，开始有便秘的问题？

　　辅食的纤维含量比乳品多，通常吃辅食之后的宝宝，排便会比喝奶时还要顺畅。如果说宝宝吃了辅食之后，出现便秘的问题，通常是之前喝配方奶累积的问题，而不是辅食出了问题。千万不要因此减少辅食，否则便秘情况会变得更严重。

问题17 从宝宝的粪便里看到食物纤维，是不是消化不良？

　　4~6个月的宝宝，如果能符合进食辅食的条件，就可以开始尝试辅食，只是摄取的食物形态必须精细。从粪便中还能分辨出食物的原形，通常是能促进肠胃蠕动的蔬果纤维，没有关系。

问题18 把大人的食物煮到熟烂，也可以给宝宝当作辅食吗？

　　老一辈的人受限于环境或时间，每天三餐都有几十口人要吃饭，根本忙不过来。对他们来说，所谓的"宝宝辅食"，几乎就等同于比较软烂的大人食物。

　　问题是，把大人的食物煮得更久更烂，或是用勾芡类的菜汁、汤汁拌饭，即使宝宝勉强吞咽下肚，他们吃得到营养吗？

　　许多食物经烹煮后，只有少数的营养会保留于汤汁内，仅用汤汁拌饭，恐怕会让宝宝吃不到营养，反而摄取过多人工调味料，对肾脏功能造成过多负担；而且从小习惯重口味，长大后更难改变，对健康只有害处。

问题19 宝宝吃辅食后，喝奶量就会变少吗？

答

这是很好的现象。宝宝如果一顿辅食吃得够饱，喝奶的需求自然减少。现在您可以渐渐把辅食转为正式的一餐，减少一顿奶量，让宝宝的进食更加规律。

问题20 9个多月的宝宝，变得不爱吃辅食，是怎么了？

答

您可以确认一下，宝宝在不想吃辅食的同时，奶量是不是增加了？他有可能暂时性地想要变换为喝奶，或是长牙等情况影响了他进食的意愿。

如果宝宝的食欲不佳，也有可能是活动量不够。妈妈可以为宝宝增加一些运动，多爬、多动，宝宝消耗了热量，食量自然会增大，胃口也会比较好。

医师讲堂
多多交流，疑问自然愈来愈少

在育儿过程中，妈妈往往会有很多疑问或是困扰，建议可以多多与其他妈妈们交换育儿心得，在观察其他妈妈的照料方式之后，说不定就可以触类旁通，获得一些灵感，或是找到问题的关键。

食盐是以氯化钠为主的调味品。众所周知，没有盐，饭菜就没有味道，长期禁盐，会严重影响食欲，使人感觉疲乏无力。正常情况下，血中的钠和氯90%以上是通过肾脏由尿中排出，少量是通过汗液排出。

由于钠盐存在于各种食品中，人奶和牛奶的食盐量足以满足生后1岁前的小婴儿对钠、氯的需要，因此没有必要再另外补充盐，如果摄入过多的含盐食品，对婴儿是有害的。因为1岁之前的婴儿，尤其是早产儿，肾脏功能还不成熟，肾小球上皮细胞多，血管少，滤过面积小，且因为肾小管发育不成熟，容量小，浓缩尿液的能力差，因此没有能力排除血中过多的钠，很容易受到钠过多的损害。所以除非婴儿有严重的呕吐、腹泻需要补液，一般1岁前的宝宝，不要额外给食物中加盐。1岁以后，宝宝的肾功能进一步健全，并逐渐接近成人，这时就可酌情给宝宝食物中加入适量的盐了。一般宝宝每天的摄盐量不超过1克。

值得提醒家长的是，由于小儿的肾脏还未发育好，很容易受到钠盐过多的损害，而此种损害是很难恢复的，年龄越小，受到钠过多的损害也就越严重，体内钠离子过

多，会导致钾离子随尿排出过多，而钾对于人体活动时肌肉的收缩和放松是必须的（缺钾可使肌肉无力），持续的缺钾将导致心脏衰弱。长期食盐过多，过多的钠能潴留体内水分，促使血容量增加，血管呈高压状态，于是发生血压升高，心脏负担过重。所以家长们给儿童做食物时，应稍微淡点，千万不要以自己的口味来调剂孩子的日常饮食。目前大多数家庭的宝宝食品，是按成人的咸淡味觉为准的，这会使宝宝摄入过多的盐，将来会成为成年后患高血压的隐患。

答　孩子偏食一直都是让父母头疼的事情，因为偏食容易引起营养不良。所以，尽早培养宝宝对各种口味和食品的接受能力，是非常必要的。偏食要从断奶时就开始预防。

宝宝断奶后已开始形成比较完备的味觉，因此婴幼儿应注意进食各种味道的食品，使味蕾感受各种味道，并逐渐适应各种味道的刺激。这样，可使儿童的味觉发育相对完善，是避免孩子偏食、挑食的有效措施。

一般来说，孩子们都喜欢味道较甜和较香的食品，因为这些食品在精神上和情绪上都能使他们产生良好的感受，同时也是热量和蛋白质的重要来源，因而宝宝较熟悉的是添加了糖类的食品。由于婴儿极少或根本没有接触过苦味和酸味食物，成长至幼儿期后对此类味感极不适应。所以在孩子味觉全部完善以前，便有意识地让他们接触酸、苦、香和咸味，既可预防今后出现偏食，又可增加各类营养物质。在此期间还应注意，添加有味食品时，应以某一味道为主，并随时更换，切不可两种或两种以上的味道并重，更不可较长时期只添加某一种有味食物。否则，达不到调整其味觉的效果，反而造成孩子偏食某种味道的食物。

答

教宝宝使用勺子要注意以下几个方面的问题:

1.教宝宝持握小勺的方法

(1)持勺一般用右手,应该让宝宝尽可能握住勺柄的上端,而不是勺的下部,否则舀饭菜时手会碰到饭菜,吃到嘴里不卫生。如果孩子坚持用左手,也不必强行纠正。

(2)将勺柄倚在中指上,中指则以外侧的无名指和小指为支撑,大拇指按在勺柄的另一边。

2.训练宝宝用小勺吃饭舀汤

(1)从一开始,父母就要阻止孩子用手乱抓饭菜的坏习惯,尽早培养宝宝用小勺独立吃饭的能力,同时要容忍宝宝独立吃饭时造成的脏和乱,进食时要让宝宝保持心情愉快,千万不能在这时候训斥他。

(2)勺子要大小适中、不易破损,否则宝宝一不小心会弄伤自己。小勺不要到处乱放,弄脏后再用就不卫生了。

(3)不能边吃边玩,要养成进食的规矩。如果宝宝走开,要劝其回到位子上,不要让宝宝嘴里含着勺子到处跑着玩,这样一不小心小勺会戳伤喉咙,甚至会将小勺吞入气

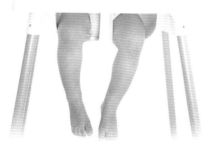

管，造成窒息。

（4）训练宝宝用小勺从汤盘里舀汤，一勺一勺地送到嘴里喝，但要注意汤不能太烫，尤其用金属做的小勺舀汤时，更要注意汤的温度要适中，否则容易烫伤孩子。

（5）用餐结束后，要叫宝宝把小勺放好，不要随手乱扔乱放，养成好习惯。

问题24 怎样教宝宝使用杯子?

有的孩子很小就开始用杯子喝水了，但也有的宝宝到了2岁还习惯于抱着奶瓶喝水。其实，用杯子喝水是因人而异、有早有晚的。当宝宝已经能够走路、讲话、自己动手吃饭时，就可以为宝宝准备方便饮水杯了。

为什么要急着让孩子使用水杯喝水呢？首先，宝宝长期频繁地使用奶瓶有可能导致龋齿。牛奶果汁以及其他饮料中的糖分与宝宝口腔中的细菌发生反应后，很容易形成腐蚀牙齿的酸性物质。而最危险的莫过于让宝宝含着奶瓶入睡了，因为这会使宝宝的牙齿完全浸泡在含有腐蚀牙釉质成分的液体中。而对于开始学步的宝宝，整日叼着奶瓶也同样容易出现龋齿。

其次，除健康因素外，及早使用水杯对1岁左右幼儿的身体发育以及认知能力的提高都能起到关键作用。经常含着奶瓶不仅妨碍了孩子的正常活动，而且还减少了他学语言的机会。

让孩子割舍奶瓶的过程并不容易。当婴儿感到疲劳或精神紧张时，吮吸奶瓶能使他精神放松。对孩子来说，放弃使用奶瓶就意味着要学会在压力下生活，因为他无法通过奶瓶即刻得到身体和心灵上的安慰。那么如何让宝宝顺利地从奶瓶过渡到水杯呢？为了帮助自己的宝宝摆脱对奶瓶的依赖，年轻的父母可以从以下几个方面获得启发：

1. 及早开始

最好能在婴儿6个月大时就开始尝试让他用水杯饮水，这样可以给婴儿充足的时间以适应没有奶瓶的日子。

开始，父母可以为孩子选用方便水杯，因为婴幼儿在用这种水杯的吸管喝水时，感觉很像是在吮吸奶瓶。如果宝宝希望用您的水杯喝水，可以为他准备一只普通的塑料杯让他在吃饭时练习。当然，你也得做好充分的心理准备，小家伙很可能会像洒水车一样把大部分水都泼在外面。

若干天或几周后，你就可以逐步用普通水杯替换方便水杯了。这期间千万别让宝宝对方便水杯产生依赖。有调查表明，如果长期让宝宝用方便水杯饮用含糖分的饮料，其对幼儿牙齿造成的损害并不比奶瓶小。为避免此类情况的发生，最好只在用餐时间让孩子喝牛奶或果汁，其余时间喝白开水即可。

2. 培养孩子用水杯喝水的习惯

用餐时如果孩子感到口渴，可以让他先用水杯喝水，然后再使用奶瓶。一旦小家伙习惯了新的喝水方式，你就可以让他完全脱离奶瓶了。午餐时间通常是改变孩子饮水习惯的最佳时机，孩子在这个时候一般比较活跃，有较强的独立性，过了中午孩子对奶瓶的依赖心理就会逐渐增强。最好不要选择在晚上临睡觉前纠正孩子的喝水习惯。还有一个办法可以帮助孩子改变用奶瓶的习惯，即在奶瓶中倒进白开水，而在水杯中放孩子喜爱喝的饮料，在这种情况下，即便是最固执的孩子也会选择水杯，而不是奶瓶。退一步说，如果孩子选择的是奶瓶，白开水也不会对他的牙齿造成任何损害。

3. 充分利用孩子的好奇心理

当您的宝宝索要他的奶瓶时，可以用玩具、游戏或零食来分散他的注意力。同时，如果父母在孩子面前用水杯喝水，就可以给他做出很好的示范，宝宝也会一时兴起，模仿大人的动作。

四、1～2岁的宝宝，开始留意饮食习惯及教养问题

怎样让宝宝专心吃饭？

　　一位妈妈这样问："宝宝在用餐的时候，一直拿着餐具敲打桌面，或是玩餐具、把食物从碗里倒出来，吃饭真是一团乱，对于开始顽皮的宝宝，该怎么处理？"

　　宝宝拿起餐具敲敲打打，有些家长可能会解读为宝宝开始调皮了，而想要加以管教。其实这有可能是宝宝兴奋以及好奇心的表现。家长可以试着跟宝宝说明"这是汤匙""这是碗"，然后示范餐具的用法给他看，让他有"餐具并非玩具"的概念。当然，一开始宝宝不能够马上理解，但是家长对宝宝表现的立即反应，是很重要的，如果你无视宝宝敲敲打打餐具的动作，宝宝就会认定"餐具是玩具"而继续玩下去。只要你认真说明，宝宝会渐渐了解的。

　　如果宝宝玩得太兴奋，做出把食物倒出来等的举动，而你平静说明也无法让宝宝暂停举动的话，那就可以估计宝宝肚子应该不饿，还没做好用餐的准备。建议此时不妨把食物收起来，把宝宝带离餐桌，让他平静一阵子再说。

1岁以上的宝宝，已经过尝试吞咽以及各类型食材的体验，这时让宝宝练习自行用餐、稳定的用餐习惯，以及主动和自发用餐，是最重要的目标。此时期的考验在于，宝宝已经开始有了自己的性格和想法，父母亲应谨记在用餐时，要将用餐的权利交给宝宝，从旁适度地辅助训练，而不是强硬地管教。

问题2 1岁多的宝宝，可以改喝鲜奶吗?

答　1岁以上的宝宝，已经可以尝试和成人一样的食物，但是口味要清淡，口感仍应柔软，且应避免吃容易造成哽塞的食物，例如爆米花、坚果等。对1岁以上的宝宝而言，辅食已是主餐，配方奶是次要的点心，优酪乳和鲜奶可以少量尝试。

问题3 宝宝食量很大又长得壮，身高、体重已经超标，要让他吃少一点吗？

答 食量非常大，身高体重已超标，确实可以稍微为宝宝减少食量。有些宝宝其实是个性使然，给他吃多少就吃多少，当你少喂时，他也不会抗议。

宝宝1岁以内的体重，其实和未来长大后的体型关联性不大。但是到了2~3岁的时候，已经开始为未来的身体组织打造雏形，此时如果过重，身材将会很难改变。因此请务必为孩子从小培养适量且规律的饮食习惯，并适度运动，养成良好的生活习惯。

宝宝胃口太差，可以服用保健食品或药物来促进食欲吗？

答

　　市面上并没有可以提升食欲的药物，有些药物确实有提高食欲的作用，例如少部分感冒药和类固醇，但这样的作用不会持续很久。只要一停药，食欲就会消退。

　　谈到食欲，也有很多人会想到益生菌。其功能为提高肠胃道功能，促进肠胃蠕动，对于少部分因为便秘而造成食量小的孩子来说，算是有间接的帮助。

　　对于食量小且不爱吃东西的孩子，其实不要太担心。每个孩子都有不同的性情和气质，不爱吃很多食物的孩子，多半对新奇事物特别好奇，对食物的兴趣也很有可能是这样，无法勉强。家长掌握的大原则，就是看宝宝的生长发育是不是都维持在正常的范围，只要在正常范围内就不必多想。如有时间，请尽量将孩子的菜单稍做变化，变换不同的食材。不要太担心和灰心，也不要让用餐时间变成亲子之间的对峙时间，保持轻松愉快的心情。当宝宝肚子确实饿了，他爱吃的时间也到了，自然会乖乖地用餐。

答

人体在人生各个阶段，对营养需求都各有差异。例如大人对蛋白质和脂肪的需求就较低，对于维生素和膳食纤维的需求相对较高。婴儿则是对蛋白质和脂肪的需求比例较高，长大后便会慢慢转变，有全面性的营养需求。这也是我们会随着阶段为宝宝改喝较大婴儿奶粉以符合需求的原因。

已经超过1岁，还是以奶类为主食的宝宝，如果仅摄取蛋白质为主的奶类，缺乏维生素和纤维，久而久之健康会出问题。此类宝宝通常看起来健康强壮，但多少有便秘或大便干燥的问题，请多和家人沟通，多多从辅食的菜色和用餐环境来解决，尽量协助宝宝建立对辅食的兴趣。

这个年纪的宝宝，已具备吃辅食的吞咽能力，应该不是身体结构上的问题，家人应该检讨一下喂食方式，确认是不是在喂食环境上出了问题。例如是否有太过嘈杂的环境、宝宝周围是否有太多分散注意力的物品等，以致无法专心用餐。

问题6 母乳可以喂到几岁？该不该强制孩子断奶？

喂食全母乳至少可达 6 个月。满 6 个月以后，搭配辅食，则至少可以喂到 2 岁以上。之后喝多久，其实没有限制。

宝宝吸吮母奶时，是亲子之间促进心灵交流的宝贵时光。当宝宝满 1 岁以后，开始吃辅食，也长了牙齿时，有些妈妈就会想，孩子已渐渐摆脱"宝宝"的行列，是不是该让他断奶，建立其独立性。于是便会设想是否该为宝宝开始断奶。其实并不需要这样想。孩子愈来愈成长，接触的事务愈来愈多，他对各种事物的好奇心也会愈来愈强，便会渐渐不把吸吮母奶当成生活中的唯一的乐趣。父母亲在宝宝的这个阶段，应尽量满足他的安全感，长大后才会比较独立。

问题7 宝宝食量小，每餐现做很麻烦，能不能煮一锅慢慢吃？

宝宝的食量小，刚开始吃辅食的阶段，假如每餐都现做现吃，一定会让父母忙碌不堪。有些忙碌的父母为了节省时间，选择煮一大锅慢慢吃，每次取少量加热。假如一天一锅，天气凉爽时还无妨，但是保险起见，喂食前还是要试吃，预防食物酸腐或遭污染。若已放过隔夜，绝对不能让宝宝吃，如果没有大人帮忙"消化"解决，最后只能倒进垃圾桶。

假如担心浪费食材，建议准备时先精算分量。可尝试一次准备多日分量，并制成"冰砖"保存。掌握"冷藏以一天为限、冷冻至多一周"的原则，尽早食用最佳。

第四章

宝宝的日常照顾

· 新生儿宝宝，"拉、撒、睡"搞定，一切正常

· 2~3 个月的宝宝，摸透个人特质是照顾的重点

· 4 个月 ~2 岁的宝宝，格外留意行动，以保安全

一、新生儿宝宝，"拉、撒、睡"搞定，一切正常

问题 1  为什么喝母乳的宝宝大便都稀稀的？需要多留意什么吗？

　　这是正常的现象，无须担心。因为母乳比较容易消化，宝宝排便会比较软，次数自然也会比较多。

　　以排便次数和大便的状态来说，母乳宝宝每天排便6~10次，都可算是正常范围，所排的粪便颜色为金黄色，呈现面糊状或小颗粒状，带有些酸味，而且形状稀软；配方奶宝宝每日排便为1~4次，形状较成形，且气味较臭，颜色可能是黄色、淡棕色或带有绿色。

　　母乳宝宝排便次数不是普通的多，爸爸妈妈会感觉宝宝好像随时随地都在排便，每次只要是一打开尿布，就会看到一坨便便，不知道宝宝到底是不是拉肚子？怎么整天都在排便？然后就会开始担心宝宝到底有没有吸收。

　　曾有妈妈就因为宝宝排便次数太多，而担心地向我求助。其实这位妈妈说的并不夸张，我甚至还看过宝宝的粪便稀到像"喷"屎般，弄得整片尿布都是，粪便非常湿软。所以对于母乳宝宝稀便的问题请不要担心，只要拿出观察大原则，确认宝宝的"活动力、喝奶量、体重增加"是不是都很正常，如果都没有问题，大可放心。

问题 2 宝宝排便次数多，连喝奶都在用力，是为什么呢？

答 一般来说，新生儿宝宝在喝奶后，很快就会排便，这是因为胃部装满食物后，对肠道造成刺激而引发的胃－结肠反射作用。所以通常父母亲会在宝宝喝完奶之后换尿布。但是有些宝宝对于这种刺激特别敏感，所以可能从喝奶的时候，就开始用力排便，而且有时候可能用力到无法专心喝奶，尽管这时其实用力也排不出什么东西。

照顾者如果碰到这种情形，不妨让宝宝休息片刻。等到宝宝平复之后，再继续喂奶。

宝宝血便的情况有很多。血液量少时，是一种肉眼看不出来，由仪器检测才会发现的血丝，称为"潜血反应"。另外，肛门或直肠裂伤、对牛奶蛋白的过敏反应、尿布疹、吸奶时因母亲乳头龟裂吞食了血液或是感染性肠胃炎等，也会在粪便中发现有血。

　　正常情况下，宝宝的肠黏膜偶尔也会有少量脱落，连带引起肠黏膜底下的小微血管出血，造成粪便中出现一点点带血丝的黏液，这种情形不必担心。但是当父母亲发现宝宝粪便中带血，且"活动量、喝奶量"情况都不佳，或是伴随腹泻、腹痛、腹胀、呕吐或发热等症状时，应立即送急诊。

　　活动力和精神都很正常的宝宝有血便问题时，也应就医检查，以确保健康。

许多研究已证实，仰睡可以降低婴儿猝死的概率。出生前几个月的宝宝颈部和背部还没有足够的力气变换动作，如果在俯卧的睡梦中，口鼻被棉被等物品堵塞的话，很可能会因为无法自行调整角度而导致窒息。

即使父母很有信心地认为，自己会专心看护，让宝宝完全在自己的视线监督之下。但是睡梦中的危险仍然是有可能发生的。此外，我们没有把握自己身边是否会有突发状况，让自己视线被迫离开宝宝，与其持续担心，还是不要让宝宝趴睡为好。

对宝宝而言，趴睡确实比较舒适安心，会睡得比较好，比较安静，这是因为贴在床面上会让宝宝很有安全感。还有些说法认为，有趴睡习惯的宝宝，上半身的肌肉发育会比较好，事实上，并没有针对趴睡的研究支持这样的说法。没有趴睡的宝宝，上半身的肌肉也会自然发育。

一些医院婴儿室有采取让宝宝趴睡的措施，但在进行趴睡时，有专人严格执行看护的工作，是在非常严谨的安全原则之下，才给宝宝趴睡。

医师讲堂
预防婴儿猝死的
8大守则

（1）仰睡。完全避免侧睡及趴睡。

（2）避免蓬松柔软的寝具，挑选坚实、软硬适中的床垫。

（3）床单应大于床垫，且边角确实塞入床垫之下。

（4）宝宝的周围应净空，不要有任何软布、绒毛玩具等物品。

（5）家中禁止二手烟。

（6）如果宝宝有需求的话，可以给他吸吮安抚奶嘴。

（7）避免给宝宝穿过多的衣物。宝宝最适当的温度是身体摸起来温暖，但不至于发汗的地步。

（8）帮宝宝盖被时，盖到胸部的位置，让宝宝的双手放在被子外面。

问题5 宝宝的头型很奇怪，我们要怎么帮他调整呢？

有些父母会发现，宝宝总是仰躺着睡，担心孩子的头型会变得扁扁的，不够漂亮。其实可以让宝宝在以仰睡的前提下，调整脸的朝向，稍微偏向一边，采用"1天朝右，1天朝左"的方式。慢慢调整。

宝宝的头骨是由很多小块骨头集合起来的，彼此间尚有移动空间。在2个月之内，头型还有调整的机会。父母可以运用一些小工具，稍微为宝宝的头部调整头型。如果是因为宝宝睡觉时总是习惯头偏向特定的一边，而担心头型歪掉，可以使用中间有凹陷的婴儿专用定型枕，也可以采用毛巾折成甜甜圈形状当作枕头，逐渐改掉宝宝偏一个方向睡觉的习惯。其实宝宝是不需要枕头的，但是为了调整宝宝的头型，适度使用定型枕，不失为保持头型的好方法。

二、2 ~ 3 个月的宝宝，摸透个人特质是照顾的重点

问题 1 宝宝 2 天排便 1 次，是正常的吗？

如果你的宝宝排便次数明显比别的宝宝少，感觉他一直在用力，但是排出来的粪便是软的，而且宝宝没有啼哭或不舒服的表现，这就不是便秘。可能是宝宝的肠道蠕动协调性还未发育好，这种情况在逐渐长大后会有所改善，不用太担心。

问题 2 喝牛奶的宝宝为什么要多喝水？

由于种种原因，父母有时候不得不用牛奶喂养婴儿，而通常人们所说的牛奶是指全脂鲜奶或奶粉 (不包括婴儿配方奶)。

由于牛奶含钠、钾、钙、磷等矿物质要比母乳多 3 倍，这些矿物质被吸收到体内代谢以后，多余的矿物质就需要通过肾脏由尿中排出。为了保证体内矿物质的供需平衡，就要求肾脏排泄多余的矿物质，而婴儿的肾功能发育还不成熟，要让肾脏排出多余的矿物质，就需要一定量的水分才能保证完成任务。水分不足，肾脏就完不成任务，要是勉强完成它，就会使肾脏受损。

所以用牛奶喂养的婴儿应在两次喂奶之间喂一次水，使婴儿获得充分的水分。但喂水也不要过量，以免给婴儿心脏、肾脏增加负担。

答　一般来说，母乳宝宝的粪便是比较稀，配方奶宝宝的粪便比较成形。但是也有些配方奶宝宝在刚出生前几个月的粪便是偏稀的。如果你的配方奶宝宝粪便偏稀，但是活动力良好，喝奶量也足够，体重增加正常，请不用担心。

问题4　宝宝的粪便干干硬硬的，就是便秘了吗？如何改善呢？

答　宝宝的便便干硬，确实要稍微留意这个问题，事先做些预防措施，以免造成宝宝因为粪便干硬，排便时有疼痛感，而对排便产生阴影。

如果是配方奶宝宝，可以喂宝宝喝一点水，每天喝 60~120 毫升，分成数次饮用，便已足够。记得喝水要在两餐之间，不要放在喝奶前后，以免影响宝宝的喝奶量。

喝母乳的婴儿绝少有便秘的情形。如果真有便秘，原因可能是出自妈妈的饮食。一些母乳妈妈在哺乳期间，摄取肉类等蛋白质饮食过多，使得乳汁中蛋白质含量较高，就可能造成大便较硬，较难排出。有这一类问题的妈妈，应调整饮食，均衡摄取各类营养素，不忘蔬菜水果等富含纤维的食物，宝宝的排便问题自然而然会随之解决。

当你发现宝宝开始感到排便有点辛苦时，不妨在他憋气用力时，用棉花棒沾些婴儿油，帮他搔搔肛门，协助放松肛门括约肌。

答　孩子是没有日夜概念的，必须由大人协助建立。不过2个月以内宝宝，还不需要急着建立。这个时期的宝宝，完全是在吃吃睡睡的本能循环中生活，他想睡的时候，就算是大人想要设法吵他，他也不太理睬。

到了第3个月后，宝宝每天的总睡眠时间虽然还是很长，不过夜间睡眠已经渐渐拉长，白天清醒的时间也变长。这时父母亲可以开始为宝宝建立日夜间的观念。白天就让宝宝待在有声音、家人有在走动的房间。宝宝精神好、天气也不错的话，可以带宝宝外出片刻，稍微晒一下太阳。晚上则让宝宝在安静的环境中，全家都在适当的时间熄灯入眠，为宝宝建立正常的生活作息。

问题 6 该让宝宝单独睡一个房间吗?

　　比较新一代的想法,是让宝宝从出生,就单独在自己的房间睡。有关宝宝的睡眠安排,其实有很多说法。在国外,多主张宝宝从出生就自己一间,让宝宝从小锻炼独立的习性。东方人则比较没有这种习惯。

　　对于才几个月大的宝宝来说,有没有与父母同一房间,不会对人格独立造成影响,父母亲可以依据自己的需求,从中调整照顾宝宝的均衡之道。月龄小的宝宝,每天睡眠时间长,没有什么特殊活动,但是喝奶和换尿布的频率也很高,为了方便,其实可以把婴儿床和父母放在同一个房间,可以比较快速地处理,这是没有关系的。

　　还有些妈妈为了夜间喂奶方便,便和宝宝睡在同一张大床上,这样的方法其实会造成大人的精神压力。爸爸妈妈除了必须在睡梦中随时留意避免压到宝宝之外,也可能会因为宝宝的小小动静而不断惊醒,即使这些小动静并不足以让宝宝哭泣惊醒,但已让父母睡眠品质变差,影响到生活,建议不要这么做。

问题 7 我家宝宝的睡眠时间总是很短暂,该怎么办?

　　一般来说,2~3 个月宝宝的睡眠时间还是很长,大约每天可以睡上十余个小时。每个宝宝的习性和体质皆不同,有些宝宝很容易睡,有些宝宝则总是很有精神,不需要太多睡眠。只要宝宝的喝奶、活动量、心情总是正常的,就不需要太担心。

这是月龄较小宝宝的常见问题。即使宝宝的健康无虞，大部分时间都是开开心心的，但是他偶尔就是会突然出现这种难以解释的行为，父母们对这样的反应往往束手无策，而且感到非常焦虑。

当你已经为宝宝排除肚子饿、尿布湿了的问题之后，可以从以下方向来试着做做看。

（1）给他安抚奶嘴，看看他吸吮方面是否获得满足。

（2）抱抱他，有时候宝宝在拥抱安抚之后，心情就会平静下来。

（3）确认是否需要为他增加奶量。宝宝可能食量变大了，大人却尚未及时帮宝宝增加奶量。有些宝宝会在多次没有喝饱的情况下，提早下次喝奶的时间，如果大人一直没有察觉这个问题，多次累积之下，宝宝就会烦躁哭泣。

（4）考虑更换奶粉。如果说是配方奶宝宝，有一个可能性是宝宝消化不良，引发不适而造成哭泣。这一点可以征询医师后再做评估。

（5）确认是否身体不适。如果宝宝身体不舒服，一定会先有情绪上的反应，所以可以从他的举动来做确认。

（6）确认是否太过疲劳。太多外界的刺激，会让宝宝变得不安且烦躁，但又因为太过兴奋而难以入睡，这时宝宝就会哭泣。有些宝宝在哭泣一场之后，便会自动睡着，但也有些宝宝需要大人协助平复。

（7）当你发现宝宝的哭闹每天都是在晚上的固定时间发生，宝宝可能是有肠绞痛的问题。

出生后数周的宝宝难以说明的哭闹行为，可能会在6周时达到巅峰，当然也不至于到一发不可收拾或是完全无法改善的地步。事实上，大约在3个月左右，此种行为就会渐渐和缓下来。再次强调，如果宝宝的活动力、喝奶量、体重成长都很正常，那么宝宝的哭泣，也许可以归纳为他天生的脾气和个性特质——你生了一个个性急躁的孩子。

如果你觉得宝宝此种难以名状的哭闹行为行之已久，担心会影响到他的健康，可以征询医师的意见。

医师讲堂
让爸妈苦不堪言的"婴儿肠绞痛"

如果排除了以上的情形，仍然无法让宝宝停止哭泣，则有可能是婴儿肠绞痛的问题。

婴儿肠绞痛并不是一种疾病，引起的原因也不清楚，据推测可能是婴儿的肠道发育至某一阶段时产生蠕动不协调的情形，而造成剧烈绞动。这种不正常蠕动在肠道继续发育后又会自然消失。

肠绞痛的宝宝平日一切正常，喝奶量正常、活动量良好，但就是有反复哭闹的问题。哭闹的时段多为每日傍晚或半夜，且哭闹时间往往长达 2~3 小时，让爸爸妈妈苦不堪言。

有些父母在宝宝肠绞痛时急诊就医，但经医师检查后，也无法发现异常之处。

肠绞痛的起始阶段，多半为 2~3 周的宝宝，6 周时最严重，3~4 个月会逐渐痊愈。一般而言不需要治疗，通常就医时，医师会给予消除胀气的药物，或是建议为宝宝做腹部按摩，或改用部分水解蛋白奶粉。

改善肠绞痛有以下的按摩方式。

（1）方法 1：让宝宝面朝外，背部贴靠妈咪胸前。妈咪右手环抱宝宝胸前，左手托住宝宝臀部，同时左右来回轻轻摇动，直到宝宝舒适为止。

（2）方法 2：让宝宝身体趴在妈妈左手臂上，左手虎口扶住宝宝下巴固定颈部，将宝宝身体倚贴妈咪胸前，右手从背部轻抚宝宝，上下与左右来回轻轻摇动，直到宝宝感觉舒适为止。

三、4个月～2岁的宝宝，格外留意行动，以保安全

问题1 7个多月的宝宝刚学会坐，就可以放在儿童椅上吗？

　　大多数宝宝在7~9个月时，已经可以稳稳地坐上一段时间。但要在此提醒父母，此时期宝宝并不适合长时间放在婴儿车或是餐椅上。短时间坐在婴儿车或餐椅时，应随时留意他的安全，因为此时宝宝的脊椎还不够健壮，仍应避免长时间的坐姿。

问题2 如何引导宝宝爬行？

　　一般六七个月的孩子就会坐了，到了能够坐稳后1个月，就可以教他爬行了。

　　可让孩子趴在地面上，家长用手拉住孩子的脚掌，孩子就会反射性地用脚蹬踏，这时家长就可帮他把手往前抬。如果是触觉发展不完的孩子，家长可以握住他的双脚脚踝上面的部位，一下一下地往前移，慢慢地孩子就可学会爬行了。

　　宝宝刚开始学爬的时候，只能趴着玩而不能向前爬行，或者是在原地旋转，甚至后退。这时候，爸爸妈妈可有意识地帮宝宝练习，让宝宝俯卧在床上，妈妈在宝宝前面放置一些好玩的玩具吸引宝宝的注意力，并不停地说："宝宝，小鸭叫了（或小熊敲鼓了），快来拿啊！"爸爸则在身后用手推着宝宝的双脚掌，让他借助爸爸的力量向前移动身体，接触到玩具。

问题 3 宝宝喜欢坐学步车，会有什么影响？

以下是一位妈妈的想法："有时候在忙家务，因为怕宝宝觉得无聊，就会把8个多月的宝宝放在学步车中，让他可以四处走动。但还是有点心虚，所以有空时还是会让他爬行，或是练习站立，请问这样是可以接受的程度吗？"

听起来这位宝宝正处于爬行和站立的阶段，学步车如果作为玩具，让宝宝短时间接触的话，对于已经具备站立能力宝宝的身体而言，基本上不会造成伤害。家长应该考量的是，对于此时期的宝宝更重要的是独立学习爬行以及站立行走的成就感与乐趣。宝宝在爬行和自行站立起来的过程中获得的锻炼和自我成就感，是无可比拟的。

家长还应避免让宝宝太依赖学步车，如果宝宝太依赖时，可能会造成教养困扰。长时间坐学步车，有可能造成"O形腿"，也应特别留意。此外，宝宝在学步车中行走，忘情的时候可能会横冲直撞，也有可能会发生危险。

如果你的宝宝已经满 6 个月，但是仍然爱哭，有可能会归咎于宝宝的天生气质，还有一个就是教养的问题。

　　宝宝还小的时候，虽仍不具备思考能力与分辨能力，但其哭泣皆有背后的意义，父母要为宝宝找出原因并加以解决。随着宝宝成长，父母亲在照顾宝宝时，也应兼顾教养的原则，不应一直配合宝宝的需求。否则当宝宝养成了"以哭泣来达成要求"的习惯，这时父母就得重新扭转行为模式，会变得相当麻烦且辛苦。

　　宝宝的挑食概念，并不是天生就有的。对于刚开始食用辅食的宝宝，父母的处理态度很重要。

　　例如 8~9 个月的宝宝，其实对辅食的着重点在于口感，而不是味道。当宝宝们通过了汁液、泥状食物的练习之后，他可能会对食物的口感产生偏好。如果你发现宝宝喜欢可以咀嚼的食物，这可能表示您的宝宝已经可以迈入下一个阶段。

　　挑食的孩子不是对吃东西没兴趣，而是兴趣较难持久，所以对于这样的小孩，食物的种类必须不断地变换，偶尔外出用餐是可以提高对食物新鲜感的一个办法。

问题6 该怎么为宝宝保养乳牙?

答

大部分宝宝,约在3个月大时开始准备长牙,这时宝宝的牙龈会有痒痒的感觉,而且会流很多口水,并在约6个月时长出第一颗牙。父母亲可以使用干净的纱布,为宝宝擦拭口腔,让宝宝建立清洁口腔的习惯,同时也习惯让口腔有干净清爽的感受。发牙时期的宝宝,会因为按摩牙龈,而感到比较舒服。

7~12个月的宝宝,上下排大约会各长出几颗牙齿,可以用宝宝专用的软毛牙刷轻轻刷长出的牙齿,尚未长牙的牙龈,继续使用干净纱布清洁口腔。

此外,还可以在宝宝喝完奶或吃完辅食后,给他喝一点水以便养成口腔清爽的习惯,并应避免提供宝宝太甜的食物。宝宝既已长牙,就代表必须要开始预防蛀牙,从小为宝宝养成规律的洁牙习惯,将会使他终身受用。

医师讲堂
"睡前最后一口奶"
是宝宝蛀牙的主因

蛀牙与奶瓶型龋齿有很大的关联。其实只要摆脱掉"睡前最后一口奶"的习惯,就可以大幅降低宝宝蛀牙的概率。

如果没有办法把夜间含在口中的那口奶去掉,恐怕爸爸妈妈白天帮宝宝刷再多次牙,白天做再好的预防措施,都没有用。

在我看过的案例中,许多满口蛀牙的孩子,原因是奶瓶型龋齿。这类宝宝通常是喝奶喝到睡着,这时留在口中的奶,就是导致蛀牙的最大原因。父母亲只要能帮孩子建立正确的生活习惯,在每天睡前喂奶时,为宝宝同时准备一瓶奶和一瓶水。当宝宝喝奶喝到昏昏欲睡时,把奶瓶抽出,更换为水瓶,确保宝宝最后口中所含的是水,而不是一口奶,就可以为宝宝预防蛀牙。

第五章

保健与疾病

- 新生儿常见生理问题，一次搞定
- 2个月以后的保健疑问
- 宝宝的就医问题

一、新生儿常见生理问题，一次搞定

问题1 为什么会有新生儿黄疸？该怎么照顾？

 新生儿黄疸是蛮常见的一个现象。宝宝出生几天后，肤色看起来黄黄的，指的即是新生儿的生理性黄疸。主要是因为宝宝的肝脏发育尚未成熟，无法将血液中的胆红素顺利排出体外，因而累积在体内，使得皮肤看起来偏黄。此种现象通常几天后就会恢复原状。只要宝宝吃得好、水分摄取充足、排尿顺利、按时解便、体重未下降过快，黄疸指数通常都不会太高。若是体重掉得太多，或是有疑虑时，可就医检查，由医师确认是否须住院进行照光治疗。

答

配方奶宝宝在出生2~3天后开始出现黄疸,1周时皮肤最黄,接着便会慢慢降下来,2~3周完全消退。母乳宝宝黄疸确实比较明显,持续时间久,消退的时间也长。如果在满月时尚未消退,应前往就医检查。

对于黄疸,医师有两派看法。有些医师会建议妈妈停喂母奶,让宝宝改喝配方奶2~3天,以便及早区别宝宝是否为母乳引起的黄疸;另有一派则是主张继续喝母乳,且应增加喝奶次数。两种做法其实都可以让宝宝的黄疸好转。极少数无法消退的病理性黄疸,是肝脏或胆道疾病的征兆,建议进行专业检查。

另外一种大家会担心的,就是因为身体病变所造成的黄疸,即为病理性黄疸。引发的原因包括蚕豆病、代谢性疾病等。这些因素都会使肝脏代谢疸黄素的能力降低,造成黄疸时间延长,一旦确认为病理性黄疸,应进行诊治。

新生儿的眼屎多，大多是因为鼻泪管阻塞造成，这是正常情况，在过一阵子之后，就会改善，无须担心。

鼻泪管的功能，是协助泪腺排出分泌的眼泪。婴儿出生时，鼻泪管尚未发育完全，还不是很畅通。但是眼泪分泌的功能已是正常的，所以会有眼泪多或眼泪干掉后变成眼屎的情形。当鼻泪管阻塞造成两眼的阻塞程度不同时，会让宝宝一边眼睛的眼屎较多，另一边的较少，通常几个月后，就会改善。

照顾者可以为宝宝轻轻按摩内眼窝，促进鼻泪管发育。积在眼睛上的眼屎，就小心使用纱布擦掉，让宝宝的眼睛容易张开，并减少不舒服的感觉。

这是新生儿阶段暂时性的现象，称为"脂溢性皮肤炎"。因为新生儿的肌肤比成人薄、皮脂腺分泌特别旺盛，这种情况通常在4~5个月后就会自然痊愈。

对于新生儿脂溢性皮肤炎的部位，父母亲无须太过刻意理会，不要用力地以肥皂清洗、抠抓，否则会造成反效果。

当宝宝的皮脂结块时，可以将婴儿油涂抹在皮肤上，等待结块部位因为油脂滋润而变软之后，再动手取下来。

问题5 刚出生的女宝宝，下体怎么有分泌物？

这是出现在女宝宝身上的现象。出生约1周的女宝宝，下体分泌出少量分泌物，其中掺杂了少许血丝，称为"假性月经"。这是因为妈妈在怀孕时，会分泌大量女性激素，这种激素会转移到女宝宝身上，待女宝宝出生后，来自母亲的女性激素供应便会中断，假性月经现象便会消退。

问题6 男宝宝乳房看起来肿胀，挤压后会流出分泌物，会是乳汁吗？

有许多宝宝（不分男女）在胎儿期会因为受到妈妈体内激素的影响，在刚出生时会有乳房肿胀，甚至分泌少量乳汁的现象。此种现象的发生概率并不高，称为魔乳（Witch Milk）。此现象发生于出生1天至1周之间，并非疾病，不要动手挤压，过一阵子便会自动消失。

帮宝宝洗澡时，有时会摸不到睾丸，心里有点怕怕的。

正常男性的睾丸，是位于阴囊之中。但是有一部分新生男宝宝，他们的睾丸没有像成人男性一样两颗都位于阴囊中，而是停留于腹股沟甚至小腹之中。而且还会因为外在因素，不时被与睾丸相连的肌肉拉回到腹股沟之中。有些父母会因为发现男宝宝的两颗睾丸没有乖乖"就位"，而觉得有疑虑。

其实这样的现象，会在宝宝年纪渐长后，逐渐恢复正常。婴儿预防保健门诊时，医师会检查男生的睾丸是否在正常的位置，如果到了9~12个月，却从未在阴囊中找到宝宝的睾丸时，就会建议寻求专科医师的进一步诊察。

二、2 个月以后的保健疑问

问题 1 爸妈都是过敏体质，我要如何知道宝宝是不是过敏体质？

过敏体质是不可逆的，一旦确认有过敏体质的基因，仅能从生活细节和药物治疗来进行调整与改善。如果您和先生均为过敏体质，宝宝过敏的可能性相当高。

新生宝宝是否过敏一事，个人是建议不要操之过急。过去曾一度时兴新生儿脐带血免疫球蛋白 E 抗体（IgE）检测，利用脐带血检测 IgE 总量，以及特异性 IgE 的阴性或阳性来预测宝宝会不会过敏。但却有许多对照性检测结果为过敏的宝宝，后续没有发生过敏的症状；检测结果为非过敏体质的宝宝，却发生了过敏症状，因而被认定为对照性和准确性不高。因此并不推荐新生儿宝宝做此项测试。想要知道宝宝是否为过敏体质，从家族史推断和观察宝宝的身体，是比较实际的办法。

答　不一定。过敏的主要因素为遗传，是均等地从父母双方而来，而不是依据哪一方或是症状严重与否而定。

在此提供一个简单的判断规则：当父母之中有一方为过敏时，孩子的过敏概率为50%；父母两位都有过敏问题时，孩子过敏的概率为80%；当父母、兄姐均为过敏体质时，概率再递增。以此类推。

答　过敏的遗传，只在于体质，孩子并不会连过敏的食材种类都跟爸爸妈妈一样，所以家长在照顾宝宝时，不应帮宝宝直接认定过敏的食材。当你发现宝宝为食物过敏的体质时，应设法帮宝宝找出过敏的食材种类。

医师讲堂
观察宝宝过敏的重点

要确认孩子是否过敏，可从以下两个大方向来进行。

1. 家族过敏史

如果宝宝的父母亲或是兄妹有过敏问题，宝宝就很有可能过敏。

2. 从宝宝的状况观察

（1）新生儿过敏症状，最常见的就是在皮肤上。常见者为异位性皮肤炎，不太会有荨麻疹或是气喘之类的问题。

（2）6个月~2岁宝宝，开始出现气喘、支气管炎之类的问题。

（3）2岁以上的幼儿，鼻子过敏的问题开始浮现出来。

问题4 想要为宝宝添加益生菌，只要买的奶粉里有益生菌就可以吗?

答 要视您对宝宝添加益生菌的出发点而定。如果说您确认宝宝目前缺乏益生菌，建议您应购买益生菌直接给宝宝摄取。配方奶中所含的益生菌含量，对益生菌欠缺的宝宝而言，是远远不够的。

问题5 怎么挑选适合宝宝的配方奶呢?

答 在挑选奶粉时，请以有资质的知名品牌为准，不要被部分厂商所标榜的特殊成分或宣传手法所困惑。有些妈妈会在药店因为药师的推荐，而受到影响。一些小型品牌在奶粉的制作方面可能经验不足，以特殊的成分期望引起家长的购买欲望，但可能在一些婴儿基本生理需求方面却是有瑕疵的，举例而言，当钙磷比出了问题时，就有可能影响孩子的骨骼发育，甚至引发抽搐，必须谨慎。

民间常有道听途说，提及"配方羊奶所提供的抗体对于抗过敏比较有帮助，而且比配方牛奶更适合宝宝"，其实这样的说法是没有依据的。

　　最适合人类的是母乳，而且只有母乳才能提供人类的抗体。牛奶和羊奶所提供的抗体，最适合的对象是小牛和小羊。宝宝是在妈妈无法提供母乳的情况下，才会选用经厂商细心研发的婴儿配方奶粉，而配方奶的成分中，是完全没有人类抗体的。至于大家津津乐道的"羊奶抗过敏说"，目前并无任何相关研究支持这项说法。

问题 7　**母乳喂养的宝宝真的比较容易贫血吗？需要帮宝宝补充铁吗？**

　　母乳宝宝与配方奶宝宝相比，确实会比较缺乏铁。有关铁的补充，在小儿科领域有一种说法，是主张从 4 个月开始，可以给宝宝服用铁剂。我认为只要从宝宝 6 个月起，在辅食食材上下功夫，留意铁的提供即可。

问题8 孩子在新生儿检验中，血红素数值是 80 克 / 升，怎么会这样？

答 对于孩子的身体健康，应谨慎地留意细节，但也不要太过紧张。从您提供的数据来看，宝宝的血红蛋白是比较低了，您还可以观察一下宝宝，如果说活动力没有变差，食欲良好，体重增加得很顺利，其实不用太担心。初生婴儿成长发育得非常快，这个现象也有可能是暂时的，血红蛋白会慢慢追上来。

医师讲堂
治疗的是孩子，还是数据？

养育小孩子，必须要留心，但是不要太过担心。我之所以这样说，是有感于看到太多为了修正数据而做的医疗处置。而这些处置所治疗的究竟是孩子，还是数据？对于这个问题，我打上一个问号。

举例而言，两个同样健康快乐的宝宝，一个血红素数值偏低，一个血红素数值正常，但是他们的活动力一样，食欲也一样好，这时如果硬要坚持为血红素数值低的孩子添加铁剂，有可能还会为了排除服用铁剂所引发的便秘，而服用软便剂，服用铁剂和软便剂之后，可能还有其他考量，而增加了多种药物……这些为了预防而做的投药，往往把问题复杂化，让原本仅有血红素较低问题的宝宝，服用了多种药物，增加了身体的负担，且让孩子对医院和做检查蒙上一层阴影，何苦呢？

问题 9 配方奶中添加二十二碳六烯酸（DHA）、植物黄体素（叶黄素）等成分，都是宝宝需要的吗？

答　配方奶的营养素，是经过设计规划的，已非常均衡，不需要额外补充特殊的营养素，再做添加只是锦上添花。奶粉厂商中所额外添加的营养成分，也有一定的安全供应量，因此其中的成分对宝宝来说，并没有坏处，但母乳宝宝没有额外做添加，也是无妨的。如果您挑选的是没有额外添加特殊成分的奶粉，请不必忧虑。

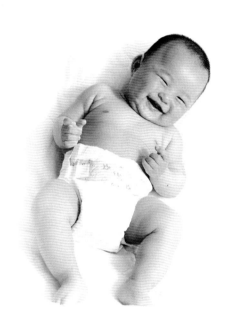

医师讲堂
宝宝的营养不能乱补

家长不应自行为宝宝增补营养素。除非孩子在医师诊断下，证实缺钙，才应补充钙。

很多家长会希望孩子的骨骼强壮，而自行为宝宝购买钙片服用。其实任何额外的营养补充，都是有风险的，应避免这样的做法。例如有肾结石家族遗传的体质，就不适合补充钙，否则会造成肾结石的发生。

宝宝阶段不建议补充额外的营养素。基本上，现代父母都对孩子太过于担心，容易把问题扩大。在此强调：如果宝宝吃得好、睡得好、精神愉快、发育正常，请不要做额外的补充。

　　目前没有任何研究，提出任一可提高免疫力的保健食品。一般人认为"可以借由保健食品的力量，来增进宝宝免疫力"，这是错误的想法。

　　宝宝常生病，应从两个层面来观察。如果您的宝宝生病频率很高，患的病也很重，例如败血症、尿道感染等，您可能要带宝宝就医，做详细的检查，以便确认宝宝的抗体或免疫系统是否出了问题。

　　如果宝宝常常生病，但都是一些小病，例如感冒、拉肚子等，这时家人就要检视一下，是不是自家环境或是卫生出了问题。从根本杜绝掉宝宝生病的源头，才是最根本的方法。

医师讲堂
改善肠胃道功能的益生菌与粪便疗法

　　益生菌是目前唯一经研究证实，能对肠胃道发挥正面效果的保健食品。对于先天较欠缺益生菌，必须补充益生菌的人士来说，确实能发挥增加肠胃道益菌的功效。

　　有关改善肠胃道菌丛治疗的最新研究是粪便疗法，且有多项报告出炉，都获得了正面的结论。研究对象是在治疗因长期服用抗生素而导致的艰难梭菌所造成的严重腹泻。最初所采用的治疗方式，是运用健康捐赠者的粪便，经消毒等处理手续之后，将粪便悬浮液借由胃管灌入患者的肠道内，以直接改善肠道环境。这项研究的效果卓著，且引起各方关注。

目前粪便疗法的最新治疗方式，是运用健康捐赠者（多半是亲人）的粪便，经消毒等处理程序，取其中的益菌制成粪便胶囊，也能达到很好的治疗效果，采取口服方式不仅较便利，也不似利用胃管治疗般有侵入性。

问题11 现在孩子有感觉统合问题的频率很高，我需要提早带孩子做检查吗？

很多爸爸妈妈在照顾孩子的过程中，常会容易有无力感，例如感觉孩子似乎有些动作比较笨拙、讲不听、很难教，不受控制，因而担心孩子是否出了问题，于是便把孩子送去做感觉统合的治疗。

从我接触到的例子中，感觉到有许多是源自家庭教育的问题。现在新一代的父母亲孩子普遍生得少，很容易不自觉地把过多注意力放在孩子身上，为孩子做太多事情，也容易太过担心，成了过度保护孩子的"直升机"父母。这样的父母就像是盘旋在孩子身边的直升机般，滴水不漏地掌握着孩子的举动和需求，久而久之便在不自觉间剥夺了孩子的自理能力。

其实加强感觉统合能力，就如同看待孩子的智力开发一般。每个孩子特质皆不同，一定会有他的强项和弱点，对于稍有不足之处不必太担心。在孩子幼龄时，事先做早教或加强感觉统合，当然不会对孩子造成伤害，但是如果是在强迫的状态下，硬要强加给幼小的孩子，可能反而会加重了孩子的压力，应特别留意。对于宝宝是否需要早疗的问题，建议不需要太过忧虑而自行生事。其实只要有定期参加体检，医师在发现有疑虑时，自然会为宝宝同步进行神经学发育的评估。如果有问题，便会建议送至其他科室做进一步检验。

三、宝宝的就医问题

问题1 怎样都看不好，是不是要换医师？

医学领域中，有一句专有名词——"第二意见"，意思是"给一位医师诊察后，再寻求第二位医师的意见"。

医师在诊查过病患并对病患提出诊断结果后，会对病人说："我今天对疾病有这样的看法，您也可以再参考其他医师的意见。"也就是认同病患寻求另一位医师的意见。此种情形，常见于重大疾病，例如器官摘除，或是癌症的治疗等必须格外谨慎处理的疾病。这样的思维也可以运用于小病。毕竟小病的观点，也有可能会有误用药物等的情况发生，想要避免这样的情况发生，也是无可厚非。

每一位医师的性格、所处环境、专业素养皆不同，因此没有任何两位医师会提出一模一样的结论。例如有些医师可能会拘泥于医院的设备等因素，提供诊疗方向时就会有所限制。

因此，为了获得能让父母安心的诊疗品质，其实大可以与两位医师建立足够的默契，有时对照两位医师的方针与特色，也可以因此更加了解孩子生病的情况，更加安心。这是合理也适当的。

问题2 宝宝上次生病剩下的药，适合留着备用吗？

不适合。婴幼儿的药物多半为磨粉形式或药水，保存期限很短，康复后如有剩余，请丢弃，不要留待下次服用。

有些用功的父母亲，很相信医师，且不敢帮宝宝自作主张地准备成药服用。认为医师开给宝宝的处方药，比购买市面上的成药温和，所以会在宝宝当次生病痊愈后，把剩余的药物刻意保留下来，准备在下次宝宝身体不舒服的时候，给宝宝服用。这样的方式其实是大错特错的。

首先，儿科药物是依据孩子的体重开立药物分量，因此医院或诊所开立给宝宝的磨粉药，大多是半颗、1/3颗等，当药物形状被破坏，磨成粉后，保存时间就变得相当短暂，大约摆放2周，就会面临变质的命运。

试想，食物的变质，都已经会对身体造成损害，更何况是变质的药物呢？因此建议父母们，宝宝当次的药物，在痊愈之后就应丢弃。

再谈对宝宝症状的判断。相同症状并不代表病因一样，而且每次的处方都是医师视宝宝当次身体状况而开，处方不见得完全相同，因此父母亲不应该从宝宝的表现或举动，就自行判断宝宝的症状，而直接给予药物。**不会说话的宝宝，无法表达出自己的感受，因此特别需要专业小儿科医师使用看诊辅助工具，深入了解宝宝身体的症状，这样才能准确地了解宝宝身体不舒服的真正原因。所以当宝宝身体不适时，千万不要自行判断及喂药，交给专业医师诊断才是最安全的方式。**

答 如果你是比较容易因为突发状况而感到措手不及的父母，建议可以准备一种药物，那就是退热药。

如同前文所谈，医师开过的小儿科药品，确实会让父母亲感觉到比较安心，但开封使用过后，就不应保留。如有尚未开封的退热药水，则可以保存到下次需要时再开启使用的。

另外，由于每一个宝宝体质不同，如果想要在家中为孩子准备备用的退热药，以确保安心，建议征求儿科医师的意见。

问题4 **宝宝半夜身体不舒服，我就要带去急诊吗？**

答 大部分宝宝身体不舒服的问题，不外乎咳嗽、流鼻涕等类似感冒症状，或是呕吐、拉肚子等肠胃症状，这些不适症状，其实都不至于急如闪电、非立即处理不可的地步，父母亲其实可以花几个小时的时间，观察宝宝的整体情况，确认是否伴随其他症状并做好记录，天亮了之后，再送医检查。

新手父母们，可能会因为第一次面对宝宝身体不适而慌了手脚，其实只要秉持着一个观念，那就是"不要把宝宝想得太脆弱"。宝宝的生理特质确实会让我们感觉他很柔弱，因而认为他会很容易受到伤害。其实只要正确的处理，他就会很健康。

第六章

常见不适症状的应对之道

一、发热

所谓发热，指的是身体的免疫系统，在对抗外来病毒或细菌入侵时引起的生理机制。发热的温度与病情的严重程度没有直接关联，温度愈高并不意味着病情就愈严重。一般来说，40 度以内的发热，都不需要太过担心。

当身体受到感染时，第一个症状就是发热。我们全身上下，每个部位都有可能受到病原体的侵袭。例如呼吸道、胃肠道、脑膜炎、肌肉、皮肤。

因此，当发热症状出现时，必须留意的是伴随症状。当身为主症状的发热发生后，接着出现伴随症状时，病情就会比较明朗。**其实，最令人困扰的发热，就是没有伴随症状的发热现象**，这时病患就必须做全身的检查。医师会开始为患者检查腹部是否有疼痛？身体有没有硬块？右下腹有压痛可能是盲肠炎，或是问诊得知排尿有障碍，就有可能判断为泌尿道炎症等的问题，最后便是进行检验。

1. 最重要的是找出发热的原因

当发热症状发生时，必须留意的是伴随症状，寻找发热原因的线索。至于伴随发热而出现的症状，正是解决发热问题的关键，因此发热不要急着退热，而应先花时间观察病患的状况。

大部分的发热，是由上呼吸道感染（一般称为"感冒"）引起的，但也有可能是其他重大疾病。照顾者应仔细观察宝宝是否有其他症状，并做记录，以便在看诊时，可以向医师详细告之。

2. 留意重点及就医时机

如果是 3 个月以内的宝宝发热，由于严重病因的可能性比较高，所以当发热超过 38 摄氏度时，应尽快就医。

3 个月以上的宝宝发热时，如果精神和食欲良好，没有其他不适症状的话，建议先观察一下，让孩子安静休养。如果发现伴随了其他症状，且影响孩子的食欲或活动力时，再送医检查。

一般而言，发热天数 2~3 天都是可以接受的，如果超过 4 天，引起并发症的机会便会提高，应考虑送至医院就医检查，确认是否有其他问题。

3. 发热竟然会抽筋，面对热性痉挛勿惊慌

有一部分孩子的体质比较特殊，会在发热到某一程度后，发生全身抽搐的症状，称为热性痉挛。

热性痉挛的发生对象大致为 6 个月到 6 岁的婴幼儿，这一类年幼的孩子因为脑部的功能尚未成熟，在对应高温刺激时，便发生了抽搐的症状。此种发热时伴随出现的热性痉挛，通常发生于发高烧的第 1 天。

当热性痉挛的问题发生时，宝宝会暂时失去意识，手脚抽动。持续时间为 3~5 分钟，且抽搐的症状为双手双脚对称性的发作。因此如果孩子抽搐的仅为单手单脚，就可能不是热性痉挛，而应往其他方向做诊断。

热性痉挛不是有严重危险的症状。但当宝宝出现以下状况时，应紧急就医。

（1）发作后，间隔几分钟或几小时，又再次痉挛。

（2）如果发作后，宝宝睡着，就不必太过担心。但是如果久久不醒，就应紧急就医。

（3）宝宝痉挛睡醒后，肢体动作怪异或活动力很差的话，也需要紧急送医。

首次发生热性痉挛的宝宝，即使发作后无恙，仍务必送医检查，咨询医师的建议。

4. 仅有发热，无任何其他症状的玫瑰疹

如果孩子只有发热，却无任何其他伴随症状，过了几天，热退了，全身出现红疹，又恢复活蹦乱跳的样子，孩子就有可能是得了婴儿玫瑰疹。婴儿玫瑰疹是最典型的宝宝纯发热案例，几乎每个孩子一生中都会发生一次。就病症而言，这其实是无大碍的疾病，但是在生病的过程中，对家长而言必须承受相当大的煎熬。婴儿玫瑰疹的宝宝，发热的温度通常非常高，但是从呼吸道观察，却又没有任何相关症状。

对医师的诊断工作而言，婴儿玫瑰疹是一种需要经验与勇气判定的疾病。因为面对孩子发热，大多数父母会期待医师能够帮孩子多做几种检查，以排除其他的病情，然而这样的要求往往给孩子增加了许多无谓的痛苦。其实在家长和医师之间沟通渠道良好的情况下，医师可以对家长详细说明判定原因。婴儿玫瑰疹没有并发症的问题，时机一到就会康复，当孩子食欲和活动力都正常时，甚至连症状治疗药物也可以尽量不要使用。

5. 新生儿发热必须额外留意

6个月以内的宝宝体内带有母体所提供的抗体，因此并不容易生病。然而，母体抗体仍然不是万能的。2个月内的婴儿发热要特别小心，务必详细检查。例如新生儿败血症就是一个非常危险的疾病，而且很容易并发脑膜炎。一般而言，从败血症进展为脑膜炎的时间非常短，有可能几小时内就死亡。此时为求谨慎，必须为宝宝进行腰椎穿刺，进行脑脊髓液检查。

6. 掌握 3 大关键，孩子发热不可怕

还是一句话，当宝宝发热时，只要掌握照顾宝宝的 3 大原则"活动力、食欲、体重增加状况"的前两者，如果两者都没有问题，就代表病情无大碍。请让宝宝的免疫功能自行发挥防御能力，不要过度紧张，感冒发热的病程是固定的，少吃药的宝宝，免疫力会在一次一次的锻炼中日渐强大。

7. 发热照料 3 原则

（1）尽量补充水分。

（2）发冷或发热时，不要洗温水澡或是急着退热。

（3）莫慌张，细心观察孩子的状况。

医师讲堂
月龄小的宝宝发热时，应谨慎处理

我的前辈医师这么说过："宁可错杀一百，不可放过一个。"

在每个医师的执业生涯中，多少都会遇到过一次令人永生难忘的案例。如果看过新生儿宝宝在数小时内，从发热到死亡的案例，从此便会在处理月龄较小的发热宝宝时，坚持做谨慎的全面检查。

有些家长对于抽脊髓液有恐惧感，其实只要医师处理正确，是不会有问题的，不必太过担心。只要能够排除掉婴儿败血症等可能，其实是值得的。

8. 什么样的情况下，才要服用抗生素？

有关这个问题，必须先理清有关抗生素的疑问——抗生素的必要性，以及在什么样的情况下需要服用抗生素？

关心医疗信息的父母大概都知道抗生素被滥用的问题。但是精确的数值，你听到了可能会吓一跳。

以感冒为例，90%以上的感冒是病毒造成的，大部分造成感冒的病毒不必依赖抗病毒药物治疗，只要交由人体的免疫系统来对抗，便能逐渐康复，根本不应该也没有必要吃抗生素。如果病因是细菌感染时，则有必要吃抗生素。但是有些医师使用抗生素的频率却很高。只要是发热，医师大概有一半的概率都会开抗生素。

究竟病毒感染和细菌感染该如何区分？是否为细菌感染，必须经由检验确认，也有部分情况是可以从一些经验法则做判断，这主要是靠医师的经验。例如大部分的中耳炎是细菌感染，医师可以在确诊之后，使用抗生素；或是当病患发热天数过多时，就应当机立断，转至相关科室进行检验，确认是否为细菌感染，以便选用正确的药物。

9. 什么叫"预防性投药"？为了预防细菌感染，可以先服用抗生素吗？

现在因为医疗纠纷多，许多患者及家属有一种心态，在看病的时候会希望"包山包海""尽快治好"，没有办法静待感冒经历的病程，希望最好医师能够一次帮忙解决全部的问题，尽量让感冒快快好起来。

而医师面对的病患人数非常多，1小时内可能必须诊疗7~8位病患，而诊疗的判断又无法完全精准，于是导致一小部分医师开始采取变相的"预防性投药"措施。其思维认定"病毒感染有可能引发细菌感染，因此在病患发热等类似炎症现象时，就预先投以抗生素，对尚未发生的细菌感染先做用药。"

这种没有追根究底，一视同仁的做法，看似言之成理，其实是一种医疗资源的浪费。如果病患确定为细菌感染，便表示至少"蒙对了"。可怜的是没有感染细菌的病患，服用了多余的药物。这两类病患几乎同时康复，问题就是有感染的吃了药，没感染的也吃了药，真是何辜？

曾有一项研究以"预防性投药"为实验主题，将感冒病患分为两组，一组病患服用抗生素，另一组病患没有服用抗生素。研究结果发现，这两组病患，确认为感染细菌的比率没有差别。也就是说，在尚未确定为细菌感染时，先行服用抗生素的措施，是没有实质意义和帮助的。

服用了不必要的药物，不仅有伤肝、伤肾及腹泻的可能，滥用抗生素还会让体内的细菌产生抗药性，因而日见壮大，难保下一波来临的细菌愈发壮大，总有一天会造成难以抗衡的负担。

10. 感冒时一定要吃药吗？

疾病分为两种，一种是依据疾病的原因，而使用的"治疗药物"，另一种是依据病患的不适症状使用的"症状减轻药物"。症状减轻的药物，建议尽量少吃。

感冒所服用的药物，大部分是症状减轻药物，能够让病患身体感觉比较舒适，但其实没有治疗效果。如果是肠胃较弱的人被滥用抗生素，容易导致肠胃不适，通常还必须补充肠胃药。抗生素在消灭坏菌的同时，也消灭了体内的益菌，也会引发腹泻，于是必须补充益生菌。这种逻辑，就让病患累积了大量药物，其实对身体造成的负担很大。国外治疗感冒其实常常不开药，这其实也锻炼了身体的免疫功能。

除了确认为细菌感染的治疗之外，其余感冒症状如果身体能应付得来，建议少服药。

11. 该怎么确认抗生素疗程已完成？

一位妈妈说："宝宝生病服用抗生素，第二次回诊时，医师说这次服完药就可以停抗生素了。但是服药到最后1天，我感觉宝宝好像还有一点点咳。该怎么确定他疗程已经完成，不必再回诊？"

每一种细菌感染的根治时间都不一样，均是经过研究后建立的法则。例如治疗肺炎链球菌，必须服用1~2周抗生素。所以在看病时，可以向医师确认所罹患的感染，以及疗程天数。并依据既定规则服用。疗程结束时，如果还有明显症状，应请医师评估是否需要延长服药时间。

如果没有依据规定疗程服用抗生素，体内的细菌没有完全消灭，将会养成体内细菌的抗药性且日见茁壮，未来同样的细菌感染时，便会需要更高级的抗生素才能治愈，长此以往，身体将不堪负荷。

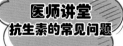
医师讲堂
抗生素的常见问题

· 消炎药中有很大一部分都是抗生素。不要以为仅是服用消炎药，尚未达到抗生素等级。

· 高热不等于细菌感染，并不表示就必须服用抗生素。

· 发热1~2天，尚无法确认为细菌感染，此时如果使用抗生素，就是操之过急。

· 正确的"抗生素的预防性投药"，仅适用于拔牙或是关节手术等情况，是避免在开刀过程中，有细菌侵入感染而做的预防性措施。以感冒而言，预防性投以抗生素的措施，是欠妥的做法。

· 抗生素的疗程至少1周，必须将医师开的药物服完。当你因感冒被医生要求服用抗生素，服用1~2天，没有任何症状后，医师也说可以停药，你可能被"假性预防性投药"了。

· 抗生素有其良好的疗效，但也是一种副作用力强大的药物，对于消化道及肝肾都有一定的伤害，也很容易引起过敏反应。如非必要，尽量不要服用。

二、呕吐及腹泻

呕吐与腹泻是消化系统的问题，多半是因为受到病毒或细菌感染，以及饮食不正常所引起的消化不良等问题。呕吐多半是由于病毒感染，腹泻则是病毒和细菌感染都有可能。少数未伴随腹泻却伴随头痛的呕吐，可能是脑压过高引起，要注意评估。

1."适度腹泻，让秽物排出体外"是正确观念，自行为孩子止泻反而危险

一般来说，腹泻及肠胃不适等症状都和感冒一样，在一定的病程之后，会自然逐渐痊愈。但是严重的腹泻和呕吐，可能会导致脱水的问题，让病况变得严重。

因此，针对腹泻和呕吐所使用的药物多为症状治疗用的止泻药和止吐药。主要是为了避免脱水。当发生呕吐及腹泻症状时，应让肠胃道充分休息，多补充水分，只给予清淡饮食或是暂停进食，就是最好的照顾方针。

有许多父母对孩子的呕吐或腹泻症状有莫名的恐慌，当看到孩子发生此类症状，往往急着要为孩子止泻或止吐，其实这是不对的。随着不洁物质排出体外，让孩子的身体以自身抗体逐渐恢复健康，才是最佳策略。如果孩子仅有1~2次的腹泻，就慌张地为孩子止泻，不仅没有排除毒素，反而错失发现问题的契机，适得其反。

2. 乳糖不耐受时，也会有腹泻和呕吐问题

乳糖不耐受的宝宝，因为体内无法分泌乳糖酶，无法吸收乳糖，严重者甚至连母乳中的乳糖都无法吸收，喝了乳品后，会有胀气、腹泻等不适症状，而且成长方面也会有障碍。这时就要改喝低乳糖奶粉。低乳糖配方奶粉拿掉了乳糖配方，替换以葡萄糖、蔗糖等成分，让宝宝能安心地摄取，同样能健康成长。

3. 每个大人都有乳糖不耐受

其实人体内平常并没有乳糖酶，是在接触乳品后，才会开始分泌乳糖酶。因此如果久久没喝牛奶时，突然来一杯，就会有腹泻的症状，此时如果不予理会，每天继续喝杯牛奶，身体便会继续分泌乳糖酶，腹泻症状也会逐渐减缓。

三、咳嗽及喘鸣

咳嗽大部分是伴随着感冒而发生的症状。婴幼儿的呼吸道较为敏感，可能较容易因为温湿度变化或是吸入少许灰尘而有轻微咳嗽，这类问题不必太过担心。

一般而言，新生儿的呼吸有类似鼻塞的现象，也是因为呼吸道狭窄。唯独在孩子咳嗽之余，有发现以下异常现象时，则应立即就医。

（1）留意宝宝的咳嗽声，如果为类似狗吠的哮吼并有呼吸困难的症状时，应紧急送医。

（2）当宝宝呼吸困难、脸色发青时，应紧急送医。

（3）伴随有发热情形的咳嗽，表示有呼吸道感染，最好就医检查。

1. 咳嗽的照料法

（1）多补充水分，有助于化痰。

（2）当孩子有积痰时，为孩子拍痰。

（3）少量多餐的饮食，浓稠度比往常稀，会让宝宝比较容易吞咽，并降低咳嗽引起呕吐的发生概率。

（4）温度明显变化时，容易引发咳嗽，应维持室内恒温。

（5）太过潮湿的环境，容易引发咳嗽。

（6）引发咳嗽的因素很多，因此切勿自行给孩子服用成药，应交由医师检查后，确认用药。

拍痰是一种标准治疗，对改善病情有一定的帮助。但在为宝宝拍痰的过程中，也要注意孩子的状态，例如痰液如果已经卡在喉咙深处，拍不出来时，宝宝的脸色会变得不好，此时就该停下来，暂时不要再拍。

我曾遇过非常遵守医师指示的患者家长，听到医师建议"应该多喝水"，结果给孩子猛灌水，喝到 5000 毫升，都水中毒了，实在是太听话了。所以也在此提醒，医师的意见固然要听，但也要稍留自行常识判断的空间。

四、流鼻水、鼻涕及鼻塞

1. 除非特殊状况，流鼻水、鼻塞都不必太紧张

婴幼儿的鼻腔较狭窄，且鼻黏膜较敏感，偶尔会有流鼻水或是鼻塞的情形。这个现象可能会让父母开始担心宝宝是否感冒了，其实还是一句话："如果宝宝吃得好、睡得好、活动力均佳时，就不用担心。"如果宝宝鼻水、鼻涕和鼻血都只是暂时且少量，而且发生过后，还是一切无事，应该是没有问题的。但如果有以下状况则必须留意，送医检查。

（1）因脸部或头部受撞击而流鼻血。

（2）伴随发热等类似感冒的症状。

（3）单侧流鼻血。

（4）持续流鼻血超过10分钟以上。

（5）流鼻血频率过高（例如每天流）。

2. 面对婴幼儿鼻血问题，谨慎不慌张

1~2岁宝宝，流鼻血算是常见的问题，宝宝的鼻部黏膜比较脆弱，比成人容易受伤流血，当气候干燥时也容易感到干痒不适，而动手抓抠而导致流鼻血。家长只要秉持着"留意且不要大意"的心态面对即可。

 五、便秘

一般来说，年纪小的婴儿较少有便秘的情形。一般人对宝宝的便秘有一些误解，在此做一些说明。

大部分人以为，如果没有达到每日排便，宝宝就是罹患了便秘。其实排便过程与粪便的形状比排便频率更重要，只要在排便时顺畅，粪便不硬，没有导致流血哭泣都不算是便秘。

便秘不会对身体造成太大的危害，但是会为孩子带来困扰。例如因为粪便太硬而导致排便困难、疼痛，会让孩子产生恐惧感，而造成对排便的恐惧。而孩子在硬是忍耐的情况下，造成恶性循环，使得便秘变得愈来愈严重。建议应从小为孩子养成良好的排便习惯，避免变成易便秘的体质。

1. 纯喝母乳的宝宝的排便次数会减少

以母乳宝宝为例，他们在新生儿时期因为肠胃功能尚未成熟，1天排便7~8次，而且还呈水状，甚至让人怀疑是不是腹泻。但是随着逐渐长大，排便次数会逐渐减少，有时甚至2~3天才排一次，甚至还有些母乳宝宝7~8天排便一次。这是因为宝宝的肠胃功能逐渐成熟，消化能力较佳，吃进去的母乳几乎完全被吸收的缘故。不过即使是间隔多日才排一次便，排出的粪便也是柔软的稀稀糊糊的，而且排出的是一次的分量，也不会过多，所以并不是便秘。这是因为母乳的成分几乎都能够被肠胃道吸收，所以没有什么残渣，而配方奶无法吸收的成分较多，就会有较多残渣。

有便秘相关症状的疾病，会让人想到巨肠症。但是两者的症状还是有区别的。巨肠症的发生原因，是由于某段肠道缺乏神经细胞，因而无法促进蠕动，造成肠阻塞，导致粪便堆积，使得肠道扩张而变得巨大，故称之为巨肠症，必须动手术治疗。

巨肠症的症状并不仅只于便秘，如果从出生起就有无法解出胎便、腹胀、呕吐等症状，且后来合并便秘问题时，医师便会安排相关检查以便进行区别诊断。

 ### 2. 喝配方奶的宝宝如何调整便秘体质？

与母乳相比较之下，配方奶对肠道而言残渣较多，可排出的物质也较多，因此配方奶宝宝的粪便会比较有形状，不会"糊糊的"。有些宝宝从尚未食用辅食的阶段，就出现了便秘的问题。由于个人体质不同，建议父母这时可以试着替宝宝改换其他品牌配方奶，每一个宝宝对不同品牌奶粉的适应会稍有不同，可以从中设法找到成分比较不会让宝宝便秘的配方奶粉。如果说替换了几种奶粉，感觉宝宝仍难改便秘的问题，那就表示造成宝宝便秘的成分可能不在于奶粉成分，或是说市面上奶粉成分大致对宝宝的适应性是差不多的。这时可以尝试在奶粉的浓度上做少许调整，帮宝宝把配方奶浓度调得比原标准更高一些。

所谓把奶粉的浓度稍微调浓，并不是说奶粉量一次加倍之类的浓度。举例而言，原本配方为5匙奶粉的奶量，可以多加1匙，或是3匙奶粉量的配方奶，稍微多加半匙。

这种做法的原理其实很简单，有处理过腹泻问题的爸妈应该都知道，当宝宝有腹泻问题时，医师会建议将奶粉浓度调稀，避免对宝宝造成太大负担，还能适度舒缓腹泻症状。因此当奶粉浓度变浓时，肠胃便会蠕动得较快，处于轻微消化不良，粪便自然会比较软，排便也较容易，便秘问题便因而解决。

不过此种方法算是一种违反正常生理状况的方法，不能长期使用，以免造成负面影响。

3. 宝宝不便秘 3 诀窍——多膳食纤维、适量饮用水、多活动

比较容易发生便秘的是配方奶宝宝。这是由于配方奶的添加物残渣较多，让宝宝便秘的可能性较高。6 个月以内宝宝如果粪便干硬，建议可以给予适量的水分。至于较大月龄宝宝有大便干硬等便秘的倾向时，如果已经是吃辅食阶段，建议可以为宝宝准备纤维含量高的蔬菜或是水果泥，便秘问题应该就可以得到改善。

其实每个宝宝的性情和体质都不同，有些好动宝宝因为活动量大，肠胃蠕动也较快，自然比文静宝宝的排便次数多。当宝宝排便不哭不闹、顺畅无碍时，父母亲就可以不用担心宝宝是否有便秘的问题了。

医师讲堂
勿让宝宝变成便秘体质

如果将奶粉调浓，可以让孩子的排便较顺畅，那就表示你的宝宝的体质是容易便秘的体质。必须在提供饮食时格外留意膳食纤维的给予，长期放任不管，有可能会变成便秘体质，必须留意。

六、眼睛常见症状

 1. 新生儿"眼屎"多，无须太过在意

一部分新生儿由于鼻泪管尚未发育完成，而有鼻泪管阻塞的问题，造成眼泪无法流入鼻腔，导致宝宝常常有眼屎多的问题。此状况大部分都会随着成长发育完备而获得缓解。父母亲只要适时地以干净纱布为宝宝做好清洁工作即可。

但是如果眼屎多伴随眼白发红、有血丝，或是鼻泪管阻塞至宝宝满周岁后仍未改善，就应该找眼科医师寻求协助。

2. 结膜炎是婴儿常见的眼部疾患

结膜炎是婴幼儿常见的眼部问题，主要原因包括过敏、脏污物进入眼中或结膜感染等。感冒发热也会引发结膜炎症的问题。这一类的症状多半轻微，会随着感冒而痊愈。

结膜炎的问题通常很单纯，只要观察宝宝的状况，当有眼睛充血、有黄色眼屎、搔痒难耐时，应立即就医。

3. 结膜炎合并感冒症状，可能是感染了腺病毒

感染了腺病毒时，会出现眼睛充血的症状。腺病毒的种类很多，也有些类型不会引发结膜炎。此种病毒的症状会先从喉咙痛和结膜炎开始，接着多日高热。腺病毒的发热病程会比一般感冒久，可经由喉头采集检体进行检验。对于腺病毒感染并没有特殊的治疗方法，只有对症治疗，并应小心肺炎等并发症。

 # 七、耳朵问题

常见于孩童的耳部疾病为外耳炎及中耳炎。引发中耳炎的原因多半为感冒，由于中耳与咽喉后部是相通的，当引发感冒的细菌或病毒从咽喉进入时，便会使得中耳充满了脓水，因而造成中耳炎。

婴幼儿的中耳炎，通常无法在一开始发生时就被顺利发现，直到父母发现宝宝总是哭哭啼啼，或有抓耳打头的动作，加上发热不退的症状，才会稍有警觉。因耳朵疼痛而啼哭的宝宝，被抱起来的时候可能会看起来比较没有那么不舒服，这是因为宝宝被直立抱起后，耳内压力改变的关系。

1. 中耳炎一定要服用抗生素吗？

初期的中耳炎，有可能会随着病情而自行好转，所以一般而言，医师不会在刚发生时立即给予抗生素，主要是因为不希望让孩子的身体过度依赖抗生素。

美国小儿科医学会建议，6个月至2岁的婴幼儿，如有明显的中耳炎症状，可直接以抗生素治疗。如果症状不明显，则可先给予止痛剂，观察2~3天，如果病情没有改善，再进行抗生素治疗。

2. 症状及避免复发原则

中耳炎发作时的疼痛感相当剧烈，可能会让孩子有很多情绪反应。另外，当耳内积液过多，便会因耳压过大导致鼓膜破裂，这时混杂了血水的浓液便会渗出，看起来触目惊心。不过所幸破裂的鼓膜，会随着时间自行复原，不要太过担心。

如果你的孩子曾罹患中耳炎，在照顾上应格外谨慎，避免再度复发。

（1）人在吞咽时，耳咽管会打开。如果采取躺姿喝奶，会较容易让细菌入侵中耳，因此在喂奶时，应尽量避免让宝宝平躺喝奶。

（2）尽量不要让宝宝感冒，也就是少接触有感冒症状的人。

八、皮肤问题

 1. 可自行解决的常见症状

宝宝起疹子，是身体出现状况的信号。一些常见的小症状，只要把问题发生的因素排除，就可以适当解决问题。例如尿布疹、痱子和湿疹，都是父母可以自行处理完成的。

（1）尿布疹发生时，只要为宝宝勤换尿布，在宝宝排便后以温水清洁，保持干爽，这些症状便能逐渐改善。

（2）痱子主要是因为皮肤处于闷热不通风的状态而起疹。因此只要不给宝宝包覆过多，让宝宝尽量穿着纯棉吸汗的服装，并适度更换即可逐渐改善。

（3）引起婴儿湿疹的因素主要是本身的体质，或是受到外界物质刺激。要改善过敏，最关键是要找出过敏的原因。为了抑制湿疹，必须做好皮肤的保湿，当洗好澡后，应为宝宝涂抹保湿乳液。尽量避免宝宝去抓抠湿疹的患处，以免病情加重。很多家长在得知宝宝感染湿疹后，往往会非常担心及恐惧。其实，如果能完全依据医师的卫生宣教并适度使用药物，做好保湿的措施，湿疹是可以逐渐改善的。

2. 留意是否为内科疾病的伴随症状

除了上述常见的皮肤科疾病以外，也应留意皮肤起疹发生时的其他伴随症状，以便发现宝宝是否罹患了内科疾病。

（1）荨麻疹：外观为隆起的红疹，发生时觉得瘙痒难耐，而且会愈抓愈痒，范围会因而扩大。荨麻疹的大部分原因是过敏，发生时间不长，多半在几小时内会消失，如果有类似症状，应尽快就医检查。如确认为荨麻疹，应找出变应原（过敏原）。

（2）肠病毒：典型症状为手掌、脚掌、屁股和膝盖等部位出现小水泡疹或淡红斑疹，还可能引起发热。肠病毒引起的皮疹不会痛也不会痒，病程为7~10天。

（3）川崎病：症状为发热、眼睛和嘴唇发红，嘴唇甚至红到皮肤要裂开，舌头会长出红色颗粒，又有"草莓舌"之称。此外，手掌和脚底也会有红肿的症状。川崎病可能引起心脏冠状动脉病变，主要发生于1岁左右的婴幼儿。当宝宝发热超过5天，并伴随上述现象，应尽快至大医院做抽血检查，避免发生遗憾。

（4）猩红热：是感染A型链球菌的病症，也有和川崎病类似的草莓舌症状，不过两者相比，川崎病患者的眼睛比较红。猩红热主要症状为发热、咽喉疼痛，皮肤起疹的部位为颈部、胸部、四肢。一般不会出现在脸上。发生于5~15岁孩童比例较高。

（5）婴儿玫瑰疹：持续发热3~4天，退热之后，身体才开始起疹。起红疹的部位是以肚子为中心往外延伸。红疹部位不痛不痒，2~3天后消退。多发生于9个月至2岁的幼儿。

（6）水痘：症状包括红疹、水疱、瘙痒、发热及疲倦等。有条件的父母可以让孩子接种水痘疫苗，注射后就算仍受感染，症状也会相当轻微。

（7）麻疹：一开始出现类似感冒的发热、咳嗽、流鼻水等症状。起疹的部位是从耳后和脖子开始，逐渐扩散到全身。特征为口腔颊侧黏膜出现灰白色的"麻疹黏膜斑"。麻疹疫苗是国家免疫规划疫苗，可以免费接种。接种后发生率非常低。

（8）风疹：症状较麻疹轻微，发疹历程比较短，特征为颈部淋巴结肿大。与麻疹一样，因为全面施打疫苗，发生率已非常低。

本章所谈的是一般常见疾病症状，大致都是可以平静处理的小毛病。但也有几个状况，是父母亲必须立即处理，前往就医的：

（1）活动力：当宝宝精神不佳、奄奄一息，欠缺活动力的时候。

（2）喝奶量：宝宝喝奶量和平常差很多。

（3）体重：宝宝的体重未增反减。新生儿在出生后2周内，体重会因为水分减少反而会稍微减少，不在此限。

当然，还有一些突发状况，例如窒息、呼吸困难、不明原因的噎到等，这时务必立即送医急诊或是打电话叫救护车，一刻也不能耽误。